essentials

Essentials liefern aktuelles Wissen in konzentrierter Form. Die Essenz dessen, worauf es als „State-of-the-Art" in der gegenwärtigen Fachdiskussion oder in der Praxis ankommt. Essentials informieren schnell, unkompliziert und verständlich

- als Einführung in ein aktuelles Thema aus Ihrem Fachgebiet
- als Einstieg in ein für Sie noch unbekanntes Themenfeld
- als Einblick, um zum Thema mitreden zu können

Die Bücher in elektronischer und gedruckter Form bringen das Expertenwissen von Springer-Fachautoren kompakt zur Darstellung. Sie sind besonders für die Nutzung als eBook auf Tablet-PCs, eBook-Readern und Smartphones geeignet.

Essentials: Wissensbausteine aus den Wirtschafts, Sozial- und Geisteswissenschaften, aus Technik und Naturwissenschaften sowie aus Medizin, Psychologie und Gesundheitsberufen. Von renommierten Autoren aller Springer-Verlagsmarken.

Matthias Heyssler

Das Leben der Sterne

Teil III: Endphasen der Sterne

Matthias Heyssler
Mespelbrunn
Deutschland

ISSN 2197-6708 ISSN 2197-6716 (electronic)
essentials
ISBN 978-3-658-10649-2 ISBN 978-3-658-10650-8 (eBook)
DOI 10.1007/978-3-658-10650-8

Die Deutsche Nationalbibliothek verzeichnet diese Publikation in der Deutschen Nationalbibliografie; detaillierte bibliografische Daten sind im Internet über http://dnb.d-nb.de abrufbar.

Springer Spektrum

Gedruckt auf säurefreiem und chlorfrei gebleichtem Papier

Springer Fachmedien Wiesbaden ist Teil der Fachverlagsgruppe Springer Science+Business Media (www.springer.com)

Was Sie in diesem Essential finden können

- Eine detaillierte Beschreibung der Endphasen von Sternen unterschiedlicher Massen mit einem besonderen Augenmerk auf unsere Sonne.
- Eine Klassifikation der Supernovae und die grundlegenden Theorien ihrer Entstehung.
- Einen Einblick in die Entwicklung der ersten Sterne im frühen Universum.
- Einen Rückblick auf unsere dreiteilige Essentials-Reihe über *„Das Leben der Sterne“*.

Inhaltsverzeichnis

1 Einleitung . . . 1

2 Ende eines Sternenlebens . . . 3
- 2.1 Das Heliumbrennen . . . 3
- 2.2 Massearme Sterne nach der Hauptreihe . . . 5
- 2.3 Sterne mittlerer Masse nach der Hauptreihe . . . 12
- 2.4 Massereiche Sterne nach der Hauptreihe . . . 14
- 2.5 Endphasen im Überblick . . . 21

3 Supernovae . . . 25
- 3.1 Supernovae reloaded . . . 25
- 3.2 Klassifikation der Supernovae . . . 33
- 3.3 Bedeutung von Supernovae . . . 38

4 Die ersten Sterne . . . 41

5 Rückblick . . . 49

Literatur . . . 53

Einleitung

1

Das vorliegende Essential behandelt die letzte Phase im Leben der Sterne.

In Kap. 2 widmen wir uns dem letzten Lebensabschnitt der Sterne. Wir beschreiben das Heliumbrennen sowie weitere kernphysikalische Prozesse und schildern die Entwicklungswege der Sterne in der Nach-Hauptreihenphase. Wir werden die Masse der Sterne als wichtigen Einfluss auf ihre Endphasen kennenlernen und ein besonderes Augenmerk auf die Zukunft unserer Sonne legen. Wir diskutieren in diesem Zusammenhang ausführlich die *Weißen Zwerge* und geben einen Ausblick auf *Supernovae* und Neutronensterne. Ein Überblick der präsentierten Endszenarien fasst abschließend die Ergebnisse dieses Kapitels zusammen.

Kapitel 3 handelt von Supernovae und diskutiert neben den Kernkollaps-Supernovae die für die Kosmologie wichtigen thermonuklearen Supernovae. Eine Klassifikation der unterschiedlichen Supernovae anhand ihrer Spektren und Lichtkurven wird vorgestellt und eine Diskussion über die Bedeutung der Supernovae für unser Weltbild und über ihren Beitrag zum Verständnis der Physik in unserem Universum rundet dieses Kapitel ab.

Nachdem wir mit der dreiteiligen Essentials-Reihe über das Leben der Sterne die Grundlagen für das Verständnis ihrer Entwicklung haben, wagen wir in Kap. 3.3 einen Blick zurück in das frühe Universum und skizzieren die Geburt und die Entwicklung der ersten Sterne, die das Licht in unsere kosmische Heimat brachten. Bei der Diskussion ihrer Endphasen schließen wir auch den Kreis bezüglich des Lebensendes der massereichsten Sterne und werden in diesem Zusammenhang die Paarinstabilitäts-Supernovae kennenlernen.

Mit einem kurzen Rückblick auf unsere dreiteilige Essentials-Reihe in Kap. 5 beschließen wir unseren Ausflug in die faszinierende Welt der Sterne.

M. Heyssler, *Das Leben der Sterne*, essentials, DOI 10.1007/978-3-658-10650-8_1

Ende eines Sternenlebens 2

In diesem Kapitel betrachten wir die Entwicklung der Sterne nach dem Wasserstoffbrennen und dem Verlassen der Hauptreihe. In Abschn. 2.1 behandeln wir zunächst das *Heliumbrennen*, denn das in Überschuss produzierte Helium beginnt im Kern einen eigenen Fusionsprozess, welcher nicht nur weiter Energie für den Stern liefert, sondern auch die Elementenküche des Universums mit neuen und wichtigen Bausteinen anreichert. Wie bei der Geburt wird auch das Ende der Sterne von ihrer Masse bestimmt. So zeichnen wir in Abschn. 2.2 zunächst die Endphasen massearmer Sterne bis $3\,\mathcal{M}_\odot$, zu denen auch unsere Sonne zählt, ehe wir in Abschn. 2.4 das Schicksal massereicher Sterne skizzieren. Zum Abschluss dieses Kapitels fassen wir die erarbeiteten Ergebnisse kompakt zusammen.

2.1 Das Heliumbrennen

Ist der Wasserstoffvorrat im Kern weitestgehend verbraucht, erreicht der Stern die TAMS (Terminal-Age Main-Sequence), die *Endalter-Hauptreihe* (Heyssler 2015). Die Zeit $t_\star^{\mathrm{HR}}$, die ein Stern auf der Hauptreihe verbringt und die mit der Dauer des Wasserstoffbrennens korreliert, konnten wir über die Masse-Leuchtkraft-Beziehung grob abschätzen (Heyssler 2015). Für unterschiedliche Spektralklassen von Hauptreihensternen haben wir ebenfalls nach den Entwicklungsgleichungen der Sterne, wie sie z. B. in (Stahler und Palla 2004) diskutiert werden, die Verweildauern auf der Hauptreihe angegeben. Diese reichten von einigen hunderttausend Jahren für massereiche Sterne früher Spektraltypen bis zu 100 Mrd. Jahren für die masseärmsten Sterne.

Ist das Wasserstoffbrennen beendet, setzt die Fusion der Heliumkerne ein. Behandeln wir nun die nächste wichtige kernphysikalische Reaktion im Inneren der

M. Heyssler, *Das Leben der Sterne*, essentials, DOI 10.1007/978-3-658-10650-8_2

Sterne – den 3α-Prozess[1] (*Drei-Alpha-Prozess*). Hierbei bildet Helium, genauer der aus zwei Protonen und zwei Neutronen bestehende Heliumkern ^4He, den Ausgangspunkt. Grundsätzlich läuft der 3α-Prozess immer dann ab, wenn Heliumkerne in ausreichender Menge vorliegen und die Temperatur im Sterninneren $T_\star^Z \geq 100$ Mio. Kelvin beträgt. Dies sind Bedingungen, die erst in einer späten Phase des Sterns vorliegen. Unsere Sonne wird erst am Ende ihres Lebenszyklus die Voraussetzung für den 3α-Prozess, bzw. das Heliumbrennen, haben. Dies wird schätzungsweise in vier bis fünf Mrd. Jahren der Fall sein (Scheffler und Elsässer 1984).

In einem ersten endothermen Prozessschritt (2.1), bei dem eine Energie von gut 90 keV benötigt wird (Scheffler und Elsässer 1984, S. 330), erzeugt die Fusion zweier Heliumkerne einen Berylliumkern ^8Be und ein Photon

$$2\,^4He \longrightarrow {}^8Be + \gamma. \tag{2.1}$$

Eigentlich kann nun, wie in der Proton-Proton-Reaktion (Heyssler 2015), der Berylliumkern wieder in zwei Heliumkerne zerfallen. Ist aber ein weiterer Heliumkern anwesend – daher die Forderung nach einem hohen Anteil von Heliumkernen –, kommt es zur Bildung von Kohlenstoffkernen ^{12}C mittels der Reaktion

$$^4He + {}^8Be \longrightarrow {}^{12}C + \gamma, \tag{2.2}$$

bei der eine Energie von $\Delta E_\star = 7{,}4\,\text{MeV}$ freigesetzt wird. Der Zerfall eines Berylliumkerns in zwei Heliumkerne vollzieht sich in weniger als $3 \cdot 10^{-16}$ s. In dieser Zeitspanne muss aber auch fast gleichzeitig Reaktion (2.2) stattfinden, und dies verleiht dem 3α-Prozess eine äußerst geringe Erzeugungsrate. Zudem befindet sich der Kohlenstoffkern ^{12}C in einem angeregten Zustand und kann entweder den Grundzustand einnehmen oder in seine Ausgangsprodukte ^4He und ^8Be zerfallen. Letzteres ist sogar um einen Faktor 1 000 wahrscheinlicher (Lesch und Müller 2011, S. 153). Dass dennoch durch den 3α-Prozess eine beachtliche Menge an Kohlenstoff in den Sternen produziert wird, hängt damit zusammen, dass die Anzahl der Reaktionen enorm hoch ist und die Energie des ^4He und ^8Be beinahe dem Anregungszustand des ^{12}C entspricht. Diese *Resonanz* fördert die Bildung von Kohlenstoff. Der Kohlenstoff wurde nicht mit oder unmittelbar nach dem Urknall erzeugt, da die Temperatur zu schnell unter den für die Nukleosynthese wichtigen Wert fiel, sondern entstand erst in den Hochöfen der Sterne.

---

[1] Dieser Prozess wird oftmals nach seinem Entdecker, dem in Österreich geborenen Astrophysiker *Edwin Salpeter (1924–2008)*, *Salpeter-Prozess* genannt.

Die Energieerzeugungsrate für den 3α-Prozess ist etwa proportional $\left(T_\star^{\mathrm{Z}}\right)^{40}$, wobei $T_\star^{\mathrm{Z}}$ wieder die Temperatur im Inneren des Sterns bezeichnet. Somit bewirkt eine Erhöhung der Kerntemperatur um 10 Mio. Kelvin eine um einen Faktor 45 höhere Energierate. Bei der Proton-Proton-Reaktion fanden wir als Energieerzeugungsrate $\Delta E_\star \propto \left(T_\star^{\mathrm{Z}}\right)^4$ (Heyssler 2015). Die starke Abhängigkeit des 3α-Prozesses von der Zentraltemperatur hat Auswirkungen auf die finale Phase der Sternentwicklung, wie wir noch sehen werden.

2.2 Massearme Sterne nach der Hauptreihe

Sterne mit Massen $0,075\,\mathcal{M}_\odot < \mathcal{M}_\star < 0,4\,\mathcal{M}_\odot$, die Leichtgewichte unter den Sternen, bezeichnet man auch als *Rote Zwerge* und sie verbringen, wie in (Heyssler 2015) ausführlich behandelt, über 50 Mrd. Jahre auf der Hauptreihe. Dies übersteigt das derzeit angenommene Alter unseres Universums. Somit konnte noch niemand ihr Verhalten nach Verlassen der Hauptreihe direkt studieren und ihr weiterer Entwicklungsweg wird ausschließlich durch Modelle beschrieben. Deshalb wollen wir diesen Massenbereich bei der Beschreibung der Endphasen nicht weiter untersuchen und verweisen hierzu z. B. auf (Stahler und Palla 2004). Sterne mit einer Masse $\mathcal{M}_\star$ unterhalb der Grenzmasse $\widetilde{\mathcal{M}}_\star^{\mathrm{G}} = 0,075\,\mathcal{M}_\odot$ haben eine zu geringe Kerntemperatur, um das Wasserstoffbrennen zu zünden und die Hauptreihe zu erreichen (Heyssler 2015). Sie wandern als *Braune Zwerge* durch den interstellaren Raum. In diesem Abschnitt betrachten wir die Entwicklung von massearmen Sternen nach Verlassen der Hauptreihe mit $0,5\,\mathcal{M}_\odot < \mathcal{M}_\star \leq 3\,\mathcal{M}_\odot$ und beschreiben dadurch auch das Schicksal unserer Sonne.

Sterne mit der Masse unserer Sonne verweilen etwa 8 Mrd. Jahre auf der Hauptreihe. Im Kern befindet sich das neu erzeugte Helium und um ihn herum bildet sich eine Schale, in der weiterhin Wasserstoffbrennen stattfindet – das sogenannte *Wasserstoff-Schalenbrennen* (Lesch und Müller 2011, S. 146). Da die Proton-Proton-Reaktion bevorzugt bei hohen Temperaturen stattfindet, wird der Wasserstoffvorrat zunächst im Sternzentrum erschöpft sein, ehe er sich auch in der Schale verringert. Im Kern kommt die Fusion folglich zuerst zum Erliegen und der innere Strahlungsdruck nimmt dadurch ab. Das hydrostatische Gleichgewicht ist gestört und die Gravitation gewinnt die Oberhand – der Kern beginnt zu schrumpfen. Gleichzeitig wird durch das Wasserstoff-Schalenbrennen weiter Helium erzeugt, welches in den Kern dringt und so dessen Masse ansteigen lässt. Dadurch erhöht sich die Dichte des Kerns, denn der Masse steht ein immer kleineres Volumen zur Verfügung. Atomkerne und freie Elektronen nähern sich immer weiter an und es folgt ein Prozess, den wir bereits kennengelernt haben

(Heyssler 2015): Das entartete Elektronengas folgt dem Pauli-Prinzip und baut einen zusätzlichen Druck, den sogenannten *Fermi-Druck*[2], auf, welcher einer weiteren Verdichtung entgegenwirkt. Zunächst aber schrumpft der Kern des Sterns und die äußeren Schichten folgen dieser Bewegung. Somit verringert sich der Radius des Sterns $R_\star$. Der Gravitationsdruck auf die Schale, in der das Wasserstoffbrennen weiter vonstattengeht, erhöht sich, die Fusionsrate in der Schale nimmt zu und ihre Temperatur steigt. Um das Gleichgewicht zu halten, bleibt dem Stern nichts anderes übrig, als sein Volumen wieder zu erhöhen. Dies führt dazu, dass seine Oberflächentemperatur $T_{eff\star}$ zwar sinkt, aber die Leuchtkraft $L_\star$ im Vergleich zu ihrem Wert auf der Hauptreihe signifikant steigt. Im Hertzsprung-Russell-Diagramm (HRD) wandert der Stern nach Verlassen der Hauptreihe zu höheren Leuchtkräften und niedrigeren effektiven Temperaturen. Dieser Weg, auch *Unterriesenast* genannt, entspricht fast der Route, die der Stern bei seiner Entwicklung hin zur Hauptreihe genommen hatte. Und tatsächlich erreicht der Stern am Ende seines Sternenlebens fast wieder den Platz im HRD, an dem seine Reise ihn vor langer Zeit bereits vorbeiführte. In dieser Phase spricht man von einem *Roten Unterriesen* (Heyssler 2014).

Für einen Stern der Masse $1\,\mathcal{M}_\odot$ erhöht sich die Leuchtkraft $L_\star$ um einen Faktor 10 im Vergleich zu seinem Wert auf der Hauptreihe. Die Oberflächentemperatur $T_{eff\star}$ für sonnenähnliche Sterne verringert sich auf etwa 4 000 K (Lesch und Müller 2011, S. 149). Aus der Beziehung der Zustandsgrößen (Heyssler 2014, (2.13)) folgt, dass sich der Radius des Sterns $R_\star$ um etwa einen Faktor sieben vergrößert. Unsere Sonne hat als *Roter Überriese* dann einen Durchmesser von etwa 10 Mio. Kilometern. In dem von uns gewählten Massenbereich bis $3\,\mathcal{M}_\odot$ ist eine Untergrenze für die Oberflächentemperatur von 3 000 K gegeben (Lesch und Müller 2011). Während sich der Stern in dieser Phase immer weiter aufbläht und das Wasserstoff-Schalenbrennen zusätzliche Energie freisetzt, sind die äußeren Schichten des Sterns so kühl, dass es dort zu Rekombinationsprozessen des Wasserstoffs kommt. Durch das Einfangen freier Elektronen entsteht in den äußeren Schichten atomarer Wasserstoff, welcher sogar ein zusätzliches Elektron binden kann und negativ geladene Wasserstoffionen bildet. Ein hoher Anteil dieser Wasserstoffionen sorgt dafür, dass die äußere Schicht immer undurchlässiger für die im Inneren des Sterns erzeugte Strahlung wird. Sinkt die Oberflächentemperatur, erhöht sich die Dichte der Wasserstoffionen und die Hülle wird noch

[2] Benannt nach dem italienischen Physiker *Enrico Fermi (1901–1954)* und basierend auf dem *Pauli'schen Ausschließungsprinzip*, gemäß dem zwei Fermionen mit unterschiedlichem Spin nicht dasselbe Energieniveau besetzen können.

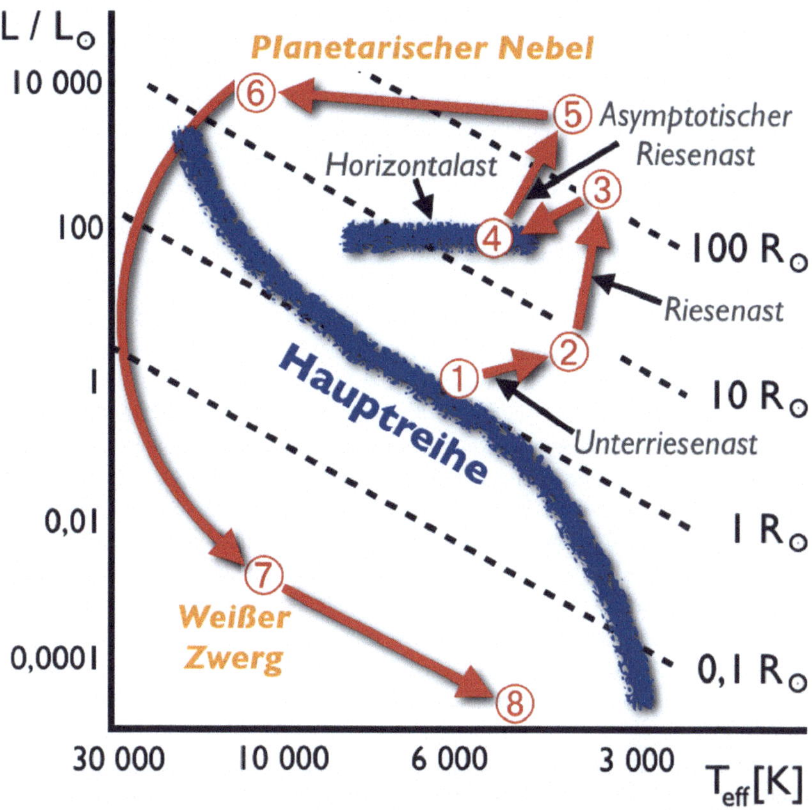

Abb. 2.1 Qualitativer Entwicklungsweg eines Sterns der Masse $1\,\mathcal{M}_{\odot}$ im HRD nach Verlassen der Hauptreihe. Daten aus (Lesch und Müller 2011; Scheffler und Elsässer 1984)

opaker. Dies erhöht die Oberflächentemperatur und die zusätzlichen Elektronen der Wasserstoffionen spalten sich wieder ab – die äußere Schicht wird wieder transparenter für Strahlung und die Oberflächentemperatur sinkt. Dieser Prozess wirkt wie ein Thermostat und führt in einem selbstregulierenden Prozess dazu, dass sich die Oberflächentemperatur bei einem stabilen Wert einpendelt, obwohl das Wasserstoff-Schalenbrennen im Inneren des Sterns stark zunimmt. $T_{eff\star}$ ändert sich auch im Folgenden nicht mehr signifikant, wenn der Stern den sogenannten *Riesenast* im HRD emporklettert, welchen wir in Abb. 2.1 für einen Stern der Masse $1\,\mathcal{M}_{\odot}$ skizziert haben. Die Leuchtkraft und die Oberflächentemperatur sind logarithmisch aufgetragen. Wir können, wegen der Beziehung der Zustandsgrößen, die Radien der Sterne $R_\star$ als Isolinien in Einheiten der Sonnenradien $R_\odot$ einzeichnen. Im Punkt ① verlassen die Sterne auf der TAMS die Hauptreihe. Der Weg zu Punkt ② skizziert den Unterriesenast, der Weg von ② nach ③ den Riesenast.

Indes fällt aus der Zone des Wasserstoff-Schalenbrennens immer mehr Helium in den Kern des Sterns, wodurch dieser immer mehr Masse vereinigt und folglich dichter und kleiner wird. Die Gravitation sorgt zusätzlich für eine Erhöhung der Dichte und Temperatur in der Zone des Wasserstoffbrennens. Die dadurch erhöhte Fusionsrate erzeugt immer mehr Energie und lässt die Leuchtkraft weiter signifikant steigen. Wegen $L_\star \propto R_\star^2 T_{eff\star}^4$ (Heyssler 2014) und der Tatsache, dass $T_{eff\star}$ durch den selbstregulierenden Prozess nahezu konstant bleibt, muss sich bei einer Zunahme der Leuchtkraft der Radius des Sterns erhöhen. Bei einem Stern der Masse 1 $\mathcal{M}_\odot$ führt dies zu einer etwa tausendmal höheren Leuchtkraft und einem etwa einhundertmal größeren Radius – ein *Roter Riese* ist entstanden. Hierbei ist das Attribut *rot* der relativ geringen Oberflächentemperatur, die Bezeichnung *Riese* der Leuchtkraft und dem Radius geschuldet. Der Stern hat sich von der Hauptreihe, nachdem das hydrostatische Gleichgewicht durch das homogene Wasserstoffbrennen im Kern aufgelöst war, über den *Unterriesenast* auf den *Riesenast* begeben, welcher nahezu senkrecht zu immer höheren Leuchtkräften führt (siehe Abb. 2.1). Auf dieser Reise haben sich zwar selbstregulierende Prozesse eingestellt, aber die Zunahme von Temperatur, Dichte und Druck innerhalb des immer kleiner werdenden Kerns war nicht mehr aufzuhalten. Ein Stern der Masse 1 $\mathcal{M}_\odot$ verweilt etwa 100 Mio. Jahre auf dem Unterriesenast und weitere 100 Mio. Jahre auf dem Riesenast (Lesch und Müller 2011). 200 Mio. Jahre sind folglich seit Verlassen der Hauptreihe vergangen, bis aus unserem Stern ein *Roter Riese* geworden ist. Eine kurze Zeitspanne im Vergleich zu den rund 8 Mrd. Jahren auf der Hauptreihe. In dieser Phase hat sich die Zentraltemperatur $T_\star^Z$ des Sterns auf über 100 Mio. Kelvin erhöht und der in Abschn. 2.1 diskutierte 3α-Prozess setzt ein. Die Kerntemperatur $T_\star^Z$ steigt durch die Fusionsreaktionen weiter an. Sobald der dadurch entstehende thermische Druck den Entartungs- bzw. Fermi-Druck überschreitet, beginnt die nächste gewaltige Entwicklungsstufe. Auf dem Weg zum Riesen hat der Stern etwa 10 bis 20 % seiner Ausgangsmasse verloren. Durch die Ausdehnung des Sterns ist die äußere Hülle nur schwach an den Stern gebunden. Zudem sorgt der im Sterninneren herrschende hohe Strahlungsdruck für Sternwinde, die Materie aus dem Außenbereich des Sterns in das Universum transportieren.

Der thermische Druck sorgt für eine gewaltige Explosion im Sterninneren, den sogenannten *Helium-Blitz*. Hierbei wird die angestaute Energie von bis zu $10^8\,L_\odot$ in die äußeren Sternschichten transportiert. Dieser Prozess dauert nur wenige Sekunden und die äußeren Hüllen des Sterns absorbieren die Energie nahezu vollständig, so dass man dem *Roten Riesen* äußerlich nicht ansieht, was für dramatische Ereignisse sich in seinem Inneren abspielen. Nur die freigesetzten Neutrinos können den Stern ungehindert verlassen. Sein Kern expandiert nach der Energieentladung und in ihm verringern sich Druck und Temperatur. Dies hat zur Folge, dass die Fusionsrate des 3α-Prozesses deutlich abnimmt und der *Rote Riese* schrumpft, bis er nur noch einen Radius von etwa $10\,R_\odot$ besitzt. Die Leuchtkraft fällt auf etwa $100\,L_\odot$, wobei die Oberflächentemperatur wieder leicht zunimmt. Der Stern wandert im HRD zum sogenannten *Horizontalast* (Position ④ in Abb. 2.1), den wir bereits bei der Diskussion der *optischen Veränderlichen* (Heyssler 2015) behandelt haben. Die Reise vom Helium-Blitz in ③ zum Horizontalast ④ dauert etwa 100 000 Jahre (Scheffler und Elsässer 1984). Der Stern ist nun wieder in einem hydrostatischen Gleichgewicht und fusioniert jetzt Helium zu Kohlenstoff. Seit Verlassen der Hauptreihe musste der Stern erst genügend Energie im Kern gewinnen, ehe das Heliumbrennen zünden konnte, und danach kämpfte der Entartungsdruck gegen das hydrostatische Gleichgewicht an. Der Helium-Blitz wirkte wie ein Ventil und die Kräfteverhältnisse im Stern kompensierten sich mit Erreichen des Horizontalastes wieder. Wir sprechen zum ersten Mal von einer *stabilen Phase des Heliumbrennens*. Neben dem Hauptprozess, der Erzeugung von Kohlenstoff ^{12}C, bilden sich in Folgeprozessen, jeweils durch Fusion mit einem weiteren ^{4}He, die Elemente Sauerstoff, Neon, Magnesium und Silizium. Wie wir in (Heyssler 2015) diskutiert haben, sind die Pulsationsveränderlichen auf dem Horizontalast, in diesem Fall die *RR-Lyrae-Sterne*, Schwankungen bzgl. Leuchtkraft und Oberflächentemperatur unterworfen, deren Ursachen wir bereits ausführlich dargestellt haben.

Unser Stern verbringt einige 100 Mio. Jahre auf dem Horizontalast und bei der gesteigerten Fusionsrate im Kern ist der Heliumvorrat deutlich schneller verbraucht. Es vollzieht sich nun das, was wir bereits beim Wasserstoffbrennen diskutiert haben: Das Heliumbrennen verlagert sich in eine den Kern umgebende Schale (*Helium-Schalenbrennen*). Der Nachschub an Helium erfolgt durch die weiter außen angrenzende Schale, in der noch das Wasserstoff-Schalenbrennen stattfindet. Der Stern hat die Phase des *Zwei-Schalen-Brennens* erreicht. Zusammenfassend besteht unser Stern nun aus einem Kern, in dem Kohlenstoff ^{12}C und Sauerstoff ^{16}O dominieren und in den aus der Schale des Heliumbrennens unaufhörlich Nachschub regnet. Das Helium wird aus der angrenzenden äußeren Schale, in der das Wasserstoffbrennen stattfindet, geliefert. Die Fusionsreaktionen entsprechen dem Temperaturprofil des Sterns von den äußeren Schichten bis zum Kern, in dem mittlerweile deutlich über 100 Mio. K herrschen. Die Parallelen nach Ende des Wasserstoffbrennens lassen sich nun schnell beschreiben: Der Kern schrumpft weiter, Dichte und Temperatur steigen und es entsteht wieder ein Entartungsdruck. Die

Gravitation nimmt zu und die Fusionsrate innerhalb der Wasserstoffschale erhöht sich. Somit steigt die Leuchtkraft signifikant und der Stern bläht sich dramatisch auf. Hatte sich der Sternradius beim Übergang zum *Roten Riesen* um einen Faktor 100 erhöht, so hat der Radius nun einen etwa zwei- bis dreihundertmal so hohen Wert. Für unsere Sonne bedeutet dies, dass ihr Radius in dieser Phase etwa 200 Mio. Kilometer betragen könnte. Dies entspräche einer Ausdehnung von mehr als einer astronomischen Einheit und die Erde würde in dieser Phase in die äußeren Sonnenschichten eintauchen.

Ein *Überriese* (Heyssler 2014) ist mit Erreichen von Position ⑤ in Abb. 2.1 entstanden. Der Weg im HRD vom Horizontalast zu diesem Punkt wird als *Asymptotischer Riesenast* bezeichnet. Er steigt steil zu höheren Werten der Leuchtkraft und geringerer Oberflächentemperatur auf und würde sich, würde die Entwicklung nicht gestoppt, asymptotisch dem Riesenast nähern. Die einzig verbliebenen nuklearen Energiequellen des Sterns sind die beiden Brennschalen, in denen weiter Wasserstoff und Helium fusionieren. Wie auf dem Riesenast sorgt der im Sterninneren herrschende Strahlungsdruck für einen weiteren Massenverlust des Sterns durch Sternwinde, der diesmal aber noch stärker ausfällt und im Durchschnitt 20 bis 30 % der Ausgangsmasse beträgt. Als Überriese hat unser Stern, der mit einer Sonnenmasse die Hauptreihe verließ, bereits etwa die Hälfte seiner ursprünglichen Masse verloren.

Stellare Objekte auf dem Asymptotischen Riesenast werden auch als *AGB-Sterne* (van Winckel 2003) bezeichnet, wobei *AGB* für *Asymptotic Giant Branch* steht. Alle AGB-Sterne zeigen eine Veränderlichkeit bezüglich ihrer Leuchtkraft, die mit der Entwicklung zum Überriesen weiter zunimmt. Neben den Sternwinden tragen jetzt auch vermehrt *thermische Pulse* zu dem Massenverlust in den äußeren Hüllen bei. Wir können nun auch eine der Ursachen konkretisieren, die wir bei einigen optischen Veränderlichen in (Heyssler 2015) kennengelernt haben: Die periodischen Lichtwechsel aufgrund der Pulsationen des Sterns. Die beiden Brennschalen im Inneren unserer AGB-Sterne existieren nicht unabhängig voneinander. Wenn das Helium-Schalenbrennen sehr aktiv ist, dehnt sich diese Schale zunächst stark aus, was einen Kühlungseffekt zur Folge hat. Ist der Heliumvorrat nahezu erschöpft, kontrahiert der Stern wieder und das Wasserstoff-Schalenbrennen wird durch die Verdichtung und den höheren Druck angeregt und produziert Helium für das Helium-Schalenbrennen. Die Schale, in der sich das Wasserstoff-Schalenbrennen vollzieht, dehnt sich aus und kühlt ab. Die Kontraktion der Helium-Schale zündet wiederum das Helium-Schalenbrennen mit dem frisch generierten Vorrat an Helium. Dieser Zyklus wiederholt sich etwa ein Dutzend Mal (Lesch und Müller 2011) und die thermischen Pulse sind zeitlich zehn- bis einhunderttausend Jahre voneinander getrennt. Am Ende hat der Stern gut die

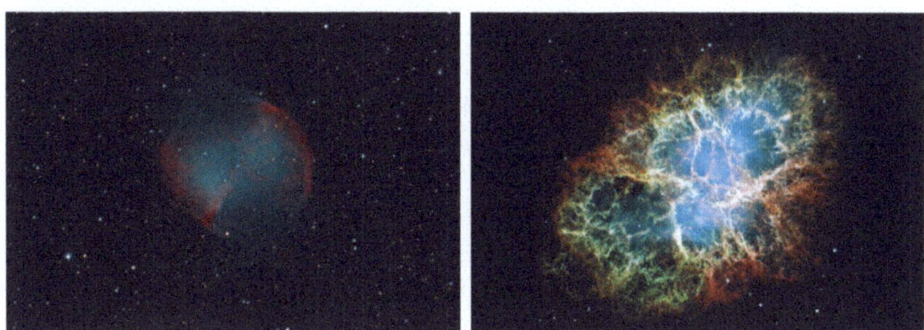

Abb. 2.2 *Hantelnebel* im Sternbild *Füchslein* (linkes Teilbild, Aufnahme: Leo Bette) und *Krebsnebel* im Sternbild *Stier* (rechtes Teilbild, Aufnahme: NASA/ESA, J. Hester und A. Loll (Arizona State University))

Hälfte seiner Ausgangsmasse verloren, in manchen Fällen sind es sogar bis zu 90 %. Die Materie sammelt sich konzentrisch um den reduzierten Stern an, der nur noch aus den beiden Brennschalen und dem eigentlichen Kern besteht, in den weiter ^{12}C durch das Helium-Schalenbrennen transportiert wird. Dadurch schrumpft der Kern und unser *Rumpf-Stern* emittiert nun hochenergetische Strahlung, vorwiegend im UV-Bereich. Diese Strahlung macht die abgestoßene Hülle aus Gas und Plasma sichtbar – ein *planetarischer Nebel* ist zu sehen. Die Bezeichnung rührt aus dem 18. Jahrhundert, denn im Jahr 1781 wurde der Planet *Uranus* entdeckt. In den damaligen Teleskopen bot die Beobachtung einer abgestoßenen Sternhülle einen ähnlichen Anblick, wie ihn der neu entdeckte *Wandelstern* lieferte, woraufhin *Friedrich Wilhelm Herschel (1738–1822)* im Jahr 1785 diesen Nebeln den Zusatz *planetarisch* gab. Heute sind etwa 1 500 planetarische Nebel in unserer Galaxis bekannt. Bei der gewaltigen Anzahl von Sternen ist dies ein sehr geringer Anteil. Das hängt mit der Lebensdauer planetarischer Nebel zusammen. Nach gut 50 000 Jahren hat sich das Gas so weit ausgedünnt, dass der planetarische Nebel nicht mehr sichtbar ist. Die Durchmesser planetarischer Nebel liegen bei 1 Lj und sie bestehen aus gut 70 % Wasserstoff, 28 % Helium und einem Rest aus Kohlenstoff, Stickstoff und Sauerstoff, sowie Spuren weiterer Elemente. Von der Gestalt her sind die meisten planetarischen Nebel nahezu sphärisch. Aber auch *bipolare* Strukturen wurden gefunden (Gurzadyan 1997). Abbildung 2.2 (linkes Teilbild) zeigt als Beispiel den etwa 1 400 Lichtjahre entfernten *Hantelnebel* (*M27*).

Der Rumpf-Stern hat nach dieser Zeit auch seinen letzten Brennstoff verbraucht und seine Brennschalen abgestoßen. Übrig bleibt ein elektronenentarteter Kern, der hauptsächlich aus Kohlenstoff und Sauerstoff besteht und eine Masse von 0,5 bis 0,6 $\mathcal{M}_\odot$ besitzt. Nachdem der Stern den Asymptotischen Riesenast verlassen hatte (Position ⑤ in Abb. 2.1), begann er seine Hülle abzuwerfen und kontrahierte durch das Schalenbrennen weiter, so dass sich die Oberflächentemperatur bei nahezu konstanter Leuchtkraft erhöhte. Der Stern erreicht Position ⑥ in Abb. 2.1, die das Erlöschen der thermonuklearen Prozesse innerhalb des Sterns markiert. Seine Leuchtkraft verringert sich dadurch dramatisch und schließlich ist in Position ⑦ ein *Weißer Zwerg* (Heyssler 2014) entstanden.

Der Stern hat nun etwa die Größe unserer Erde und eine so gewaltige Dichte (Heyssler 2014, (2.16)), dass ein Teelöffel dieser entarteten Materie einige Tonnen Gewicht auf die Waage bringen würde. Er besteht aus einem Kohlenstoffkern, einem Heliummantel und einer Wasserstoffoberfläche. Ohne eigene Energiequellen kühlt der *Weiße Zwerg* immer mehr ab und mutiert, sobald seine Oberflächentemperatur $T_{eff\star}$ den Wert von 4 000 K unterschreitet, zum *Roten Zwerg* (Position ⑧ in Abb. 2.1). Doch die Abkühlung schreitet weiter voran und irgendwann treibt der ehemals leuchtende Stern als *Schwarzer Zwerg* durch die Weiten des interstellaren Raums – ein Schicksal, das auch unsere Sonne ereilen wird.

2.3 Sterne mittlerer Masse nach der Hauptreihe

Nach der ausführlichen Beschreibung der Endphase von Sternen im Bereich einer Sonnenmasse wollen wir in diesem Abschnitt das Ende der Sterne mit einer mittleren Masse $3\,\mathcal{M}_\odot < \mathcal{M}_\star \leq 8\,\mathcal{M}_\odot$ betrachten. Hierbei werden wir nur auf die Unterschiede im Vergleich zu den massearmen Sternen eingehen. Auch die Sterne der Mittelgewichtsklasse entwickeln sich zu planetarischen Nebeln und schließlich zu Weißen Zwergen.

Sterne im mittleren Massenbereich verlassen bereits wesentlich früher die Hauptreihe. Verbringt ein massearmer Stern einige Milliarden Jahre auf der Hauptreihe, so haben Sterne mittlerer Masse eine Verweildauer von $t_\star^{\mathrm{HR}} < 100$ Mio. Jahre (Heyssler 2015). Modellrechnungen ergeben für einen Stern der Masse $\mathcal{M}_\star = 5\,\mathcal{M}_\odot$ einen Wert von $t_\star^{\mathrm{HR}} = 56$ Mio. Jahren (Kippenhahn et al. 2012). Zur Erinnerung: Nur die thermonukleare Fusion von Wasserstoff *im Kern* des Sterns definiert die Zeit auf der Hauptreihe, nicht etwa das Wasserstoff-Schalenbrennen, das noch lange nach Verlassen der Hauptreihe andauert, wie wir im letzten Abschnitt gesehen haben.

Wie bei den massearmen Sternen verlagert sich auch bei Sternen dieser Gewichtsklasse das Wasserstoffbrennen in eine Schale, die den Kern umgibt. Dieser Effekt sorgt aus den gleichen Gründen wieder für eine Verkleinerung des Kerns. Die äußere Sternschicht folgt aber diesem Kontraktionsprozess, wie wir ihn in Abschn. 2.2 bei einem Stern mit der Masse $1\,\mathcal{M}_\odot$ beschrieben haben, diesmal *nicht*, sondern expandiert bei einem Stern der Masse $5\,\mathcal{M}_{\odot}$ um einen Faktor 25. Durch diesen simultan einsetzenden Mechanismus schafft es ein Stern mittlerer Masse bereits in etwa 3 Mio. Jahren (Kippenhahn et al. 2012) zum *Roten Riesen*. Ein Stern mit $1\,\mathcal{M}_{\odot}$ benötigt hierzu etwa 200 Mio. Jahre. Unser Mittelgewichtsstern wandert in dieser Zeit im HRD zu geringeren Oberflächentemperaturen. Betrug seine Temperatur auf der Hauptreihe noch 15 000 K, sind es nun mit Erreichen des Riesenstadiums nur noch etwa 5 000 K. Die Leuchtkraft hat sich während dieser Zeit nur geringfügig verringert. Sterne mittlerer Masse durchwandern diesen Bereich im HRD in relativ kurzer Zeit, so dass sie zwischen Hauptreihe und Riesenast nur spärlich nachgewiesen werden können, was zu der bekannten *Hertzsprung-Lücke* (Heyssler 2014) führt.

Unser Stern mit $5\,\mathcal{M}_{\odot}$ ist nach 3 Mio. Jahren zum *Roten Riesen* geworden und die Kerntemperatur $T_{\star}^{Z}$ beträgt etwa 100 Mio. K, womit das zentrale Heliumbrennen einsetzt. Die massearmen Sterne hatten gegen einen entarteten Kern zu kämpfen und das Heliumbrennen entlud sich in dem geschilderten Helium-Blitz. Bei Sternen der Mittelgewichtsklasse setzt das zentrale Heliumbrennen ein, *bevor* der Kern entartet ist. Darüber hinaus gibt es eine weitere Besonderheit: Massearme Sterne beziehen ihre Leuchtkraft fast ausschließlich aus dem zentralen Heliumbrennen. Sterne mittlerer Masse erhalten etwa 60 % ihrer Leuchtkraft aus dem Wasserstoff-Schalenbrennen. Unser $5\,\mathcal{M}_{\odot}$-Stern zehrt nun rund 11 Mio. Jahre (Kippenhahn et al. 2012) von der Energie, die das zentrale Heliumbrennen ihm zur Verfügung stellt. Bei massearmen Sternen dauert diese Phase etwa 100 Mio. Jahre. Mit Einsetzen des zentralen Heliumbrennens legt der Stern nochmals an Leuchtkraft zu und diese beträgt am Ende etwa $1\,000\,L_{\odot}$. Während dieser Phase vollführt der Stern im HRD einige Schleifenbewegungen, denn seine effektive Temperatur $T_{eff\star}$ und Leuchtkraft $L_{\star}$ sind kleinen Schwankungen unterworfen – der Stern hat die *Instabilitätslücke* (Heyssler 2015) erreicht. Dies haben wir auch bei den massearmen Sternen festgestellt, welche auf dem Horizontalast die gleiche Instabilität bezüglich $T_{eff\star}$ und $L_{\star}$ erfahren. Wir konnten, nach unseren Vorarbeiten in (Heyssler 2015), massearme Sterne in der Endphase ihres Sternenlebens auf dem Horizontalast als *RR-Lyra-Sterne* identifizieren. Sie werden es bereits ahnen, die *Cepheiden* aus (Heyssler 2015), die massereicher und leuchtkräftiger als die *RR-Lyrae-Sterne* sind, entsprechen den Sternen der mittleren Gewichtsklasse in dieser Phase des zentralen Heliumbrennens: Pulsationsveränderliche im HRD, in denen der bereits besprochene *Kappa-Mechanismus* (Heyssler 2015) für die Schleifen im HRD sorgt. Sterne im Massenbereich $5\,\mathcal{M}_{\odot} \leq \mathcal{M}_{\star} \leq 15\,\mathcal{M}_{\odot}$ durchqueren im Laufe ihres Endstadiums zweimal den schmalen *Instabilitätsstreifen* und werden zu *Cepheiden*. Masseärmere Sterne wandern einmal durch den Instabilitätsstreifen und werden zu *RR-Lyrae-Sternen*. Man könnte salopp sagen:

Cepheiden sind leuchtkräftigere und massereichere *RR-Lyrae-Sterne*. Bitte treffen Sie diese Aussage einmal in Anwesenheit von Astrophysikern und warten Sie auf die Reaktionen.

Am Ende des zentralen Heliumbrennens, also nach etwa 14 Mio. Jahren seit Verlassen der Hauptreihe, findet für einen Stern der Masse $5\,\mathcal{M}_\odot$, wie bei den massearmen Sternen, das Wasserstoff- und Heliumbrennen nur noch in den Schalen statt. In dieser Zeit, die etwa weitere 10 Mio. Jahre andauert (Kippenhahn et al. 2012), schrumpft der Kern des Sterns weiter. Die Schale, in der das Heliumbrennen stattfindet, expandiert. Der Schale, in der das Wasserstoff-Schalenbrennen stattfindet, wird Energie entzogen und der dort stattfindende Fusionsprozess ist daraufhin bald beendet. Die Hülle dehnt sich weiter aus und der Stern verzehnfacht seine Leuchtkraft auf jetzt etwa $10\,000\ L_\odot$: Ein *Überriese* ist entstanden. Mit Einsetzen der thermischen Pulse beginnt der Stern nun, wieder seine Hülle abzuwerfen. 80 Mio. Jahre (Kippenhahn et al. 2012) nach Verlassen der Hauptreihe ist, umgeben von einem planetarischen Nebel, ein *Weißer Zwerg* entstanden, der seinem Schicksal aus Abschn. 2.2 entgegentritt.

2.4 Massereiche Sterne nach der Hauptreihe

Bisher führten die Endphasen der Sterne im Massenbereich $0,5\,\mathcal{M}_\odot < \mathcal{M}_\star \leq 8\,\mathcal{M}_\odot$ zu *Weißen Zwergen*. Kommen wir nun zu den noch spektakuläreren Endphasen typischer massereicher Sterne im Bereich $\mathcal{M}_\star > 8\,\mathcal{M}_\odot$. Einen, für die Entwicklungen in unserer Galaxis wichtigen, Unterschied gibt es bei massereichen Sternen, denn sie setzen am Ende ihres Sternenlebens einen hohen Anteil an Elementen frei, die schwerer als Helium sind. Massearme Sterne und solche mittlerer Masse stoßen im Endstadium ihre äußeren Hüllen ab und planetarische Nebel entstehen, die hauptsächlich aus Wasserstoff und Helium bestehen: Elemente, die dem Materiekreislauf wieder zugeführt werden. Sie bilden die Grundlage für Molekülwolken, aus denen neue Sterne entstehen können (Heyssler 2014). Aber z. B. Planeten mit komplexen Lebensformen würden nicht existieren, gäbe es nicht massereiche Sterne, die ihr Leben dafür opfern.

Ein Stern der Masse $\mathcal{M}_\star = 15\,\mathcal{M}_\odot$ verbleibt etwa 9 Mio. Jahre auf der Hauptreihe und ein Stern der Masse $\mathcal{M}_\star = 25\,\mathcal{M}_\odot$ hat eine Verweildauer $t_\star^{\mathrm{HR}}$ von nur 2,5 Mio. Jahren. Hier haben wir die Abschätzung aus (Heyssler 2015, (3.9)) angewendet. Nach etwa 80 000 Jahren hat sich der $15\,\mathcal{M}_\odot$-Stern zu einem *Roten Riesen* entwickelt (Scheffler und Elsässer 1984) und nach weiteren 900 000 Jahren ist der Heliumvorrat in seinem Kern erschöpft (Lesch und Müller 2011). Ein Stern der Masse $\mathcal{M}_\star = 25\,\mathcal{M}_\odot$ betreibt das zentrale Heliumbrennen nur etwa

700 000 Jahre. Alles in allem laufen die Prozesse bei massereichen Sternen in ihrer Endphase wieder wesentlich schneller ab. Bei einem Stern mit einer Sonnenmasse, wie wir ihn in Abschn. 2.2 behandelt haben, betragen die Entwicklungszeiten zum *Roten Riesen* sowie die Phasen des zentralen Heliumbrennens einige 100 Mio. Jahre. Es setzt sich die Tendenz fort, die wir bei der Entwicklung massereicher Sterne von der Molekülwolke bis zur Hauptreihe (Heyssler 2014, 2015) sowie bei der Verweildauer $t_\star^{\mathrm{HR}}$ auf der Hauptreihe kennengelernt haben: Je massereicher der Stern, desto schneller werden die einzelnen Lebensphasen durchschritten.

Dem Beispiel aus (Lesch und Müller 2011) folgend, wollen wir die Endphasen massereicher Sterne am Beispiel eines Sterns der Masse $\mathcal{M}_\star = 25\,\mathcal{M}_\odot$ skizzieren. Hierbei überspringen wir den Entwicklungsweg zum *Roten Riesen* und die Zeit des Heliumbrennens (der interessierte Leser sei hier auf z. B. (Scheffler und Elsässer 1984) verwiesen), da Parallelen zu den weniger massereichen Sternen bestehen. Wir beginnen unsere Ausführungen, wenn der Heliumvorrat im geschrumpften Kern erschöpft ist und die Kerntemperatur etwa $T_\star^{\mathrm{Z}} = 700$ Mio. K beträgt. Bei dieser Temperatur setzt das *Kohlenstoffbrennen* ein. Je zwei Kohlenstoffkerne fusionieren zu Sauerstoff, Natrium, Magnesium oder Neon. Die Reaktionsgleichungen sehen im Einzelnen folgendermaßen aus:

$$\begin{aligned} {}^{12}C + {}^{12}C \quad &\longrightarrow {}^{24}Mg + \gamma, \\ &\longrightarrow {}^{23}Na + {}^{1}H, \\ &\longrightarrow {}^{20}Ne + {}^{4}He, \\ &\longrightarrow {}^{23}Mg + n, \\ &\longrightarrow {}^{16}O + 2\,{}^{4}He. \end{aligned} \tag{2.3}$$

Die beiden letzten Reaktionen sind *endotherm*, d. h., dem Stern wird Energie entzogen. Dennoch ist die Produktion von Magnesium ${}^{23}Mg$ interessant, da zum ersten Mal im Laufe des Sternenlebens Neutronen n freigesetzt werden. Außerdem wird beim Kohlenstoffbrennen wieder ${}^{4}He$ produziert, welches, wie bei den Sternen mittlerer Masse aus Abschn. 2.3, zusammen mit dem ${}^{12}C$ eine zusätzliche Produktion von Sauerstoff, Neon, Magnesium und Silizium ermöglicht. Das Kohlenstoffbrennen im Kern dauert insgesamt nur wenige hundert Jahre (etwa 300 Jahre bei einem Stern der Masse $25\,\mathcal{M}_\odot$ (Lesch und Müller 2011)), und in Analogie zu den bisherigen Ausführungen bildet sich um den Kern eine Schale, in der das Kohlenstoffbrennen weiter stattfindet. Der Nachschub an ${}^{12}C$ wird aus der nächsten, weiter außen liegenden Schale des Heliumbrennens geliefert, welche wiederum von einer angrenzenden äußeren Schale versorgt wird, in der das Wasserstoff-Schalenbrennen stattfindet. So haben sich bei einem massereichen Stern nun *drei* statt zwei Brennschalen entwickelt. Es folgt wieder das Spiel der Kräfte: Ist ein Brennvorgang im Kern beendet, kann der Strahlungsdruck der Gravitation nicht mehr standhalten und der Kern verdichtet sich. Somit erhöht sich die Kerntemperatur des Sterns $T_\star^Z$, welche am Ende des Kohlenstoffbrennens 1 200 Mio. K überschreitet. Es setzt der nächste Fusionsprozess ein: das *Neonbrennen.* Nach dem Wasserstoff-, Helium- und Kohlenstoffbrennen ist dies die vierte Brennstufe innerhalb des Kerns. Allerdings haben die im inneren Sternplasma vorhandenen Photonen mittlerweile eine solch hohe Energie, dass sie das vorhandene Neon im Rahmen der *Photodesintegration* wieder in die Elemente Sauerstoff und Helium dissoziieren ($^{20}Ne + \gamma \rightarrow {}^{16}O + {}^{4}He$). Das Neonbrennen erzeugt primär Magnesium. Dies geschieht entweder aus einer Einfangreaktion mit Helium ($^{20}Ne + {}^{4}He \rightarrow {}^{24}Mg + \gamma$) oder durch Anlagerung von Neutronen und eine anschließende Reaktion mit Helium

$$\begin{aligned} ^{20}Ne + n &\longrightarrow {}^{21}Ne + \gamma, \\ ^{21}Ne + {}^{4}He &\longrightarrow {}^{24}Mg + n. \end{aligned} \tag{2.4}$$

Nach nur wenigen Jahren (nach etwa 10 Jahren bei einem Stern der Masse 25 $\mathcal{M}_\odot$ (Lesch und Müller 2011)) ist das Neonbrennen beendet. Die Gravitation verdichtet wieder den Kern, denn mittlerweile wirken auf diesen (von innen nach außen) eine Neon-, Kohlenstoff-, Helium- und Wasserstoffschale. Bei $T_\star^Z$ = 1 800 Mio. K zündet im Kern das *Sauerstoffbrennen,* welches noch kürzer als das Neonbrennen dauert. Danach setzt die letzte Brennstufe bei $T_\star^Z$ = 5 000 Mio. K ein, das *Siliziumbrennen.* Das Silizium wird u.a. direkt durch die Fusion zweier ^{16}O-Kerne erbrütet. Darüber hinaus entstehen beim Sauerstoffbrennen Schwefel, Phosphor und Magnesium:

$$\begin{aligned} ^{16}O + {}^{16}O &\longrightarrow {}^{32}S + \gamma, \\ &\longrightarrow {}^{31}S + n, \\ &\longrightarrow {}^{31}P + {}^{1}H, \\ &\longrightarrow {}^{28}Si + {}^{4}He, \\ &\longrightarrow {}^{24}Mg + 2\,{}^{4}He. \end{aligned} \tag{2.5}$$

Das Siliziumbrennen erzeugt in Summe Eisen ^{56}Fe über die Zwischenprodukte Nickel und Cobalt (unter Ausnutzung des β^+-Zerfalls, bei dem ein Positron e^+ und ein Elektron-Neutrino ν_e freigesetzt werden):

$$
\begin{aligned}
{}^{28}Si + {}^{28}Si &\longrightarrow {}^{56}Ni + \gamma, \\
{}^{56}Ni &\longrightarrow {}^{56}Co + e^{+} + \nu_e, \\
{}^{56}Co &\longrightarrow {}^{56}Fe + e^{+} + \nu_e.
\end{aligned}
\tag{2.6}
$$

Auf die radioaktiven Zerfälle von ${}^{56}Ni$ und ${}^{56}Co$ aus Gl. (2.6) werden wir in Abschn. 3.2 bei der Klassifikation der Supernovae zurückkommen.

Daneben existieren wesentlich kompliziertere Prozesse, um aus Silizium Eisen zu gewinnen. Neben der direkten Fusion zweier Siliziumkerne, wie in Gl. (2.6), spielt wieder die Photodesintegration eine Rolle, welche das vorhandene Silizium u.a. in Helium zerlegt. Das Helium lagert sich wieder an einen Siliziumkern an und erzeugt sukzessive, durch Anlagerung an das jeweils entstandene Produkt, ein um eine Ordnungszahl vier höherwertiges Element, bis schließlich Nickel ${}^{56}Ni$ entstanden ist, das dann gemäß Gl. (2.6) in ${}^{56}Fe$ zerfällt. Mit der Entstehung des Eisenkerns ist Schluss mit den iterativen Brennschalen, da Eisen die höchste Bindungsenergie pro Kernbaustein (Nukleon) aufweist. Eine Fusion zu schwereren Elementen würde keine Energie mehr freisetzen. Hierfür wären stark endotherme Nukleosyntheseprozesse notwendig. Die Dauer des Siliziumbrennens beträgt in dieser Phase nicht einmal einen Tag.

Am Ende haben wir einen massereichen Stern in seinem Endstadium, der seines Brennvorrats beraubt ist, einen dichten Nickel-Eisenkern besitzt und mit sechs Brennschalen ausgestattet ist (von innen nach außen): Silizium, Sauerstoff, Neon, Kohlenstoff, Helium und Wasserstoff. Umgeben sind diese Brennschalen von der äußeren Hülle des Sterns. Das Endprodukt jeder äußeren Brennschale wurde zum Anfangsprodukt einer weiter innen liegenden Schale. Während dieser Entwicklung hat sich der Radius unseres Sterns auf etwa 1 000 $R_\odot$ vergrößert. Seine Oberflächentemperatur ist auf etwa 4 000 K gesunken und entspricht somit den *späten Spektralklassen* (Heyssler 2014) K und M: Ein *Roter Überriese* ist entstanden. Ein bekanntes Beispiel ist der hellste Stern im Sternbild *Orion*: *Beteigeuze* ($\alpha\ Ori$). *Beteigeuze* besitzt eine Masse von etwa 20 $\mathcal{M}_\odot$ bei einer Oberflächentemperatur von $T_{eff\star} \approx 3\,500$ K und einer Leuchtkraft von $L_\star \approx 50\,000\ L_\odot$. Trotz der Unsicherheiten in der Bestimmung der Größe von *Beteigeuze* findet man in der Literatur als Untergrenze $R_\star > 500\ R_\odot$. Aus dem ersten Teil dieser Reihe (Heyssler 2014) ist uns noch der Stern *Deneb* ($\alpha\ Cyg$) im Sternbild *Schwan* bekannt. Er fällt ebenfalls in den Massenbereich 20 bis 25 $\mathcal{M}_\odot$. Mit einer Oberflächentemperatur von $T_{eff\star} \approx 8\,500$ K gehört er dem Spektraltyp $A2\,Ia$ an. Er ist ein *Weißer Überriese* mit einer Leuchtkraft von etwa 200 000 $L_\odot$. Somit erzeugt *Deneb* pro Minute mehr Strahlung als die Sonne in einem Monat. *Deneb* begann sein Leben vor etwa 10 Mio. Jahren als Stern der Spektralklasse O oder B und ist vermutlich, nach Meinung von Experten wie James Kaler (Kaler 2015), auf dem Weg zu einem *Roten Überriesen*.

Beide Sterne werden voraussichtlich, wie die meisten massereichen Sterne, durch eine Explosion als *Supernova* ihr Leben beenden. Wir werden hier die physikalischen Grundlagen einer typischen Supernova skizzieren, ehe wir uns in Kap. 3 eingehender mit ihnen beschäftigen. Dieses spektakuläre Ende als Supernova wird mit dem Erlöschen der nuklearen Reaktionen im Kern eingeläutet. Bei unserem Stern der Masse $25\,\mathcal{M}_{\odot}$ ist der Kern aus Nickel und Eisen mittlerweile auf $2\,\mathcal{M}_{\odot}$ geschrumpft. Der Strahlungsdruck, der durch die Fusionsprozesse aufrechterhalten wurde, existiert nicht mehr, so dass die Gravitation den Kern stark verdichtet. Dies hat zur Folge, dass sich die im Kern existierenden Protonen, durch das Einfangen eines Elektrons, in ein Neutron und ein Elektron-Neutrino umwandeln. Man spricht hierbei vom *inversen β-Zerfall*. Für diesen *Neutronisierungs-Prozess* muss die Dichte etwa $10^6\ \mathrm{kg/cm^{-3}}$ betragen. Die entstandenen Neutronen verbleiben im Kern, während etwa 95 % der Neutrinos den Stern ungehindert verlassen können (Lesch und Müller 2011, S. 181). Die dem Kern entzogene Energie bewirkt, dass er sich nicht nur rasch abkühlt, sondern auch weiter verdichtet. Das Pauli-Prinzip, das wir im Laufe dieses Essentials immer wieder bemühen durften, wirkt auch im Inneren des massereichen Sterns. Zwei Elektronen kämpfen um ihren Platz in einem endlichen Volumen und bauen dadurch einen Druck auf, der einer weiteren Verdichtung des Kerns entgegenwirkt. Diesen entarteten Druck haben wir als *Fermi-Druck* kennengelernt. Durch Absorption freier Elektronen im Rahmen des inversen β-Zerfalls wird die Entartung aufgehoben und der Kern kann unter seiner eigenen Schwerkraft kollabieren. Dies geschieht in einer gewaltigen Reaktion innerhalb eines Bruchteils einer Sekunde. Die äußere Hülle, inklusive der Brennschalen, stürzt auf den Neutronenkern. Die plötzliche Verdichtung beim Aufprall erzeugt gewaltige Druckwellen, die sich nun, zusammen mit den Neutrinos, radial vom Kern wegbewegen. Hinter dieser Stoßfront dehnen sich die erhitzten Gasmassen sehr schnell aus und drängen nun ebenfalls vom Zentrum weg. Es vergehen nur einige Stunden, bis die Gasmassen die Sternoberfläche erreichen und in einer gewaltigen Explosion abgesprengt werden. Eine *Supernova* ist entstanden. Die Hülle wird mit bis zu $10\,000\ \mathrm{km\ s^{-1}}$ in den Raum geschleudert (Lesch und Müller 2011). Die Neutrinos, die ebenfalls zur Oberfläche dringen, sind die Wegbegleiter. Modellrechnungen haben gezeigt (Lesch und Müller 2011), dass die Energie in der Druckwelle nicht ausreichen würde, die innere Materie nach außen zu transportieren. Neutrinos wechselwirken zwar nicht mit Materie, dennoch transportieren sie Energie in die äußeren Bereiche der Hülle, die für ihre Aufheizung und letztendlich die Explosion des Sterns, sorgen. Etwa 99 % der Energie einer Supernovaexplosion wird von den Neutrinos weggetragen. 0,99 % der Energie liegt in Form kinetischer Energie der abgestoßenen Materie vor und nur 0,01 % der Energie steckt in der kurzen und gewaltigen Leuchtkraft einer *Supernova* (Lesch und Müller 2011, S.

182). Die Stoßfronten wurden seit Mitte der 1960er Jahre im Computer simuliert. Pioniere dieser numerischen Berechnungen waren u.a. Stirling Colgate und Richard White. Mit einem der ersten Computermodelle zeigten sie, wie eine gewaltige Druckwelle von einem entstehenden Neutronenstern abprallt und sich zu einer Stoßfront entwickelt. In der Simulation gelang es dieser Stoßfront aber nicht, den Stern zu zerreißen. Daher zogen Colgate und White zum ersten Mal die Neutrinos als Ursache der Sternexplosion in Betracht (Colgate und White 1966).

In den letzten gut 1 000 Jahren wurden acht Beobachtungen von Supernovae in unserer Milchstraße mehr oder weniger exakt dokumentiert (Janka 2011, S. 2). Eine berühmte historische Aufzeichnung war ein Ereignis aus dem Jahr 1054. Ein *„heller Stern"* war seit dem 11. April dieses Jahres selbst am Taghimmel sichtbar. An der Stelle am Himmel, an dem dieses Schauspiel stattfand, wurde im Jahr 1731 ein nebelartiges Objekt im Sternbild *Stier* gefunden, der berühmte *Krebsnebel*, der in Abb. 2.2 (rechtes Teilbild) zu sehen ist.

Von unserem gewaltigen Stern der Masse 25 $\mathcal{M}_\odot$ bleibt ein sehr dichter *Neutronenstern* übrig, der weniger als 50 km im Durchmesser misst, in diesem kleinen Volumen aber etwa die Masse unserer Sonne vereint. Ein Kubikzentimeter dieser Materie bringt ein Gewicht von etwa 100 Mio. Tonnen auf die Waage. Über den Aufbau der Neutronensterne ist experimentell nichts bekannt, denn solche Bedingungen sind in irdischen Labors nicht nachstellbar. Modellrechnungen zeigen aber, dass ein Neutronenstern eine etwa 1 km dicke äußere Kruste besitzen müsste, in der, wie in einem kristallinen Festkörper, ein Gitter aus neutronenreichen Kernen wie Nickel, Eisen und Krypton zu finden ist. Daneben sollte ein entartetes Elektronengas vorhanden sein (Lesch und Müller 2011). Je tiefer man in den Neutronenstern eindringt, desto neutronenreicher wird die Materie. Eine etwa 1 km dicke *innere* Kruste besteht vorwiegend aus Elektronen, Protonen und freien Neutronen, die vom Zerfall verschont blieben, da in diesem dichten Medium die Elektronen aufgrund des Pauli-Prinzips keine freien Quantenzustände mehr finden. Das Zentrum des Neutronensterns wird in einen inneren und einen äußeren Kern unterteilt. War die Unsicherheit bei der Beschreibung der Außenbereiche eines Neutronensterns schon recht hoch, steigt diese, je weiter man in den Kern vorstößt. Der äußere Kern könnte aus einer *superfluiden* (ohne Reibung) *„Flüssigkeit"* aus Protonen, Neutronen sowie Elektronen, der innere Kern aus einem Kristallgitter von Neutronen, aber auch aus den Grundbausteinen der Neutronen, den *Quarks*, bestehen, wenn man Energien zugrunde legt, die freie Quarks erlauben. Dass der Neutronenstern nicht weiter kollabiert, ist wieder dem Entartungsdruck zuzuschreiben. Aber das gilt nur, solange der Neutronenstern eine Masse von 3 $\mathcal{M}_\odot$ nicht überschreitet. Schweren Neutronensternen kann auch kein Entartungsdruck mehr helfen und Modellrechnungen zeigen, dass sie zu *stellaren Schwarzen Löchern* kollabieren. Mit *„stellar"* meinen Astrophysiker *Schwarze Löcher* im Bereich einiger Sonnenmassen, wie sie bei dem Tod massereicher Sterne entstehen können. Diese sind zu unterscheiden von den *supermassiven Schwarzen Löchern*, wie sie im Zentrum der Galaxien vermutet werden und die eine Masse von einigen $10^6\,\mathcal{M}_\odot$ aufweisen können.

Hat sich der massereiche Stern so weit verdichtet, dass ein Neutronenstern entstanden ist, dann hat sich auch das ursprüngliche Magnetfeld des Sterns verstärkt, denn das Produkt aus magnetischer Feldstärke und Querschnitt des Sterns bleibt erhalten: Kleinerer Querschnitt bedeutet automatisch größeres Magnetfeld. Finden wir bei unserer Sonne ein Magnetfeld der Stärke 1 Gauss, so sind es bei einem Neutronenstern bis zu 10^{12} Gauss. Auch der Drehimpuls des ursprünglichen Sterns bleibt erhalten, so dass sich der Neutronenstern teilweise in einem Sekundenbruchteil um seine eigene Achse dreht. Die Autoren in (Lesch und Müller 2011, S. 191) charakterisieren Neutronensterne als *„schnell rotierende, magnetische Dipole hoher Feldstärke"*. An den magnetischen Polen der Neutronensterne verlassen Elektronen, durch die starken elektrischen Felder (die immer zusammen mit Magnetfeldern existieren) beschleunigt, die Sternoberfläche und erzeugen elektromagnetische Strahlung. Fällt die Achse der Radioemission nicht mit der Rotationsachse zusammen und erfolgt die Abstrahlung der Radiostrahlung in Richtung eines irdischen Beobachters, dann kann diese Strahlung von den Astronomen als elektromagnetischer Puls nachgewiesen werden - ähnlich dem sich drehenden Licht eines Leuchtturms. Das gab diesen besonderen Neutronensternen den Beinamen *Pulsare*. Der erste Nachweis eines solchen Pulsars gelang im Jahr 1967 der in Nordirland geborenen Radioastronomin *Susan Jocelyn Bell*. Der von ihr entdeckte Neutronenstern erhielt später u.a. die Bezeichnung *PSR B1919+21*, wobei *PSR* (*Pulsating Source of Radio Emission*) mittlerweile eine gängige Abkürzung für Pulsare ist. Da mit der Genauigkeit eines Schweizer Uhrwerks alle 1,337 Sekunden s ein Radioimpuls gemessen wurde, war man anfangs geneigt, eher an außerirdische Intelligenz denn an eine natürliche Ursache zu glauben. Daher, so geht die Geschichte, soll der Pulsar anfangs auch die Bezeichnung *LGM-1* gehabt haben. Der Pulsar liegt im Sternbild *Füchslein* und die Bezeichnung B1919+21 deutet auf seine Position in geozentrisch-äquatorialen Koordinaten hin, denn seine Rektaszension beträgt $\alpha\ = 19$ h 19 m 16 s und seine Deklination beträgt $\delta\ = +21^\circ\,47'$. *LGM* stand übrigens für *Little Green Men*. Weniger lustig fanden viele Forscher, dass nicht etwa Jocelyn Bell im Jahr 1974 für die Entdeckung der Pulsare mit dem Nobelpreis bedacht wurde, sondern ihr Doktorvater Antony Hewish. Den Nobelpreis teilte sich Hewish mit dem englischen Radioastronomen Martin Ryle, der speziell für seine Verdienste im Bereich der Radioastronomie ausgezeichnet wurde. Mittlerweile sind etwa 1 700 Pulsare mit Pulsationsperioden von wenigen

Millisekunden bis zu zehn Sekunden bekannt (Lesch und Müller 2011). Eine Untergruppe der Pulsare, mit einer Anfangsperiode von weniger als 10 ms, wird als *Magnetare* bezeichnet. Starke Konvektionsströmungen im Inneren dieser besonderen Neutronensterne bewirken magnetische Flussdichten, die um einen Faktor 1 000 höher liegen als bei *„normalen"* Pulsaren. Sie zeichnen sich zudem durch eine hohe und stark veränderliche Röntgenhelligkeit aus.

Umgeben ist der Neutronenstern nach einer Supernovaexplosion von einer leuchtenden Hülle aus Gas, dem *Supernovaüberrest* (SNR – *Supernova Remnant*), der am Beispiel des *Krebsnebels* im rechten Teilbild der Abb. 2.2 gezeigt ist. Man nimmt an, dass der Vorgängerstern in diesem Fall eine Masse von 8 bis 12 $\mathcal{M}_\odot$ hatte. Die Gaswolke besteht hauptsächlich aus Wasserstoff und Helium, enthält aber auch alle weiteren Elemente, die im Endstadium des massereichen Sterns erbrütet wurden. Das interstellare Medium wird somit mit wichtigen Bausteinen für die Entwicklungen innerhalb des Universums angereichert. Der *Krebsnebel* breitet sich mit einer radialen Geschwindigkeit von 1450 $\mathrm{km\,s^{-1}}$ aus (Scheffler und Elsässer 1984) und wird nach etwa 100 000 Jahren nicht mehr sichtbar sein, denn dann hat sich die Materie bereits zu sehr verflüchtigt. Im Zentrum des *Krebsnebels* ist ein Pulsar zu finden, der eine Periode von 33 ms aufweist (Harnden und Seward 1984). Die hier geschilderten Supernovae bezeichnet man auch als *Kernkollaps-* oder *hydrodynamische Supernovae*. In Kap. 3 werden wir auf die Supernovae zurückkommen und eine weitere Gruppe von Supernovae kennenlernen: Die *thermonuklearen* oder *Typ-Ia-Supernovae*.

2.5 Endphasen im Überblick

Das Ende der Sterne wird wie ihre Geburt von der Masse bestimmt. Sterne mit einer Masse $\mathcal{M}_\star < 0,075\,\mathcal{M}_\odot = \widetilde{\mathcal{M}}_\star^{\mathrm{G}}$ (Heyssler 2015) erreichen die Hauptreihe nicht, da in ihrem Kern die Zentraltemperatur $T_\star^{\mathrm{Z}}$ zu gering ist, um das Wasserstoffbrennen zu zünden. Ihr Schicksal wird es sein, wie in Abb. 2.3 skizziert, als *Braune Zwerge* den interstellaren Raum zu durchwandern. Sie sind physikalisch zwischen den großen Gasplaneten und den *Roten Zwergen* anzusiedeln. Ihr Nachweis ist direkt schwer möglich, da ihre Leuchtkraft zu gering ist. Indirekte Nachweise durch ihre gravitationelle Wirkung auf andere Himmelsobjekte, sowie spektroskopische Untersuchungen (insbesondere der Nachweis von Lithium), wie sie beispielsweise von *Two Micron All Sky Survey* (2MASS) durchgeführt wurden, identifizierten aber bereits einige hundert Kandidaten.

Sterne im Massenbereich $0,075\,\mathcal{M}_\odot < \mathcal{M}_\star < 0,4\,\mathcal{M}_\odot$ bezeichnet man als *Rote Zwerge*. Sie haben eine lange Verweildauer $t_\star^{\mathrm{HR}}$ auf der Hauptreihe (> 50 Mrd.

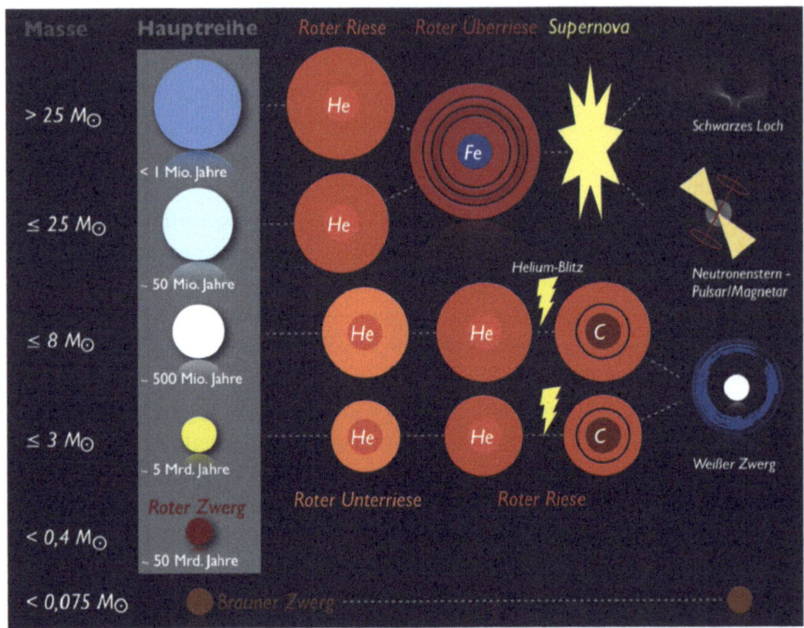

Abb. 2.3 Schematische Darstellung der Endphasen von Sternen unterschiedlicher Massen nach Verlassen der Hauptreihe

Jahre), so dass nur theoretische Modelle für ihre weitere Entwicklung existieren. Den interessierten Leser verweisen wir hierbei z. B. auf (Stahler und Palla 2004).

Massearme Sterne, wie unsere Sonne, im Bereich $0,5\,\mathcal{M}_\odot < \mathcal{M}_\star \leq 3\,\mathcal{M}_\odot$, die wir in Abschn. 2.2 diskutiert haben, verbringen einige Milliarden Jahre auf der Hauptreihe und entwickeln sich über einen *Roten Unterriesen* zu einem *Roten Riesen*. Nach dem *Helium-Blitz* setzt im Zentrum das Kohlenstoffbrennen ein. Sind die Brennvorräte erschöpft, kollabiert der Stern zu einem *Weißen Zwerg* und die Wasserstoff- und Heliumbrennschale wird abgestoßen: Ein *planetarischer Nebel* entsteht. Die Entwicklung zum *Weißen Zwerg*, die in diesem Massenbereich einige 100 Mio. Jahre dauert, ist in Abb. 2.3 dargestellt.

Sterne mittlerer Masse ($3\,\mathcal{M}_\odot < \mathcal{M}_\star \leq 8\,\mathcal{M}_\odot$), die wir in Abschn. 2.3 behandelt haben, unterscheiden sich von den masseärmeren Sternen nicht nur dadurch, dass ihre Verweildauer auf der Hauptreihe deutlich unter 1 Mrd. Jahre liegt ($t_\star^{\mathrm{HR}} \approx$ 100 Mio. Jahre bei einem Stern der Masse $6\,\mathcal{M}_\odot$), sondern auch in den kurzen Entwicklungszeiten während ihrer Endphasen. In weniger als 100 Mio. Jahren hat der

Mittelgewichtsstern nach Verlassen der Hauptreihe seine Brennvorräte erschöpft und ist zum *Weißen Zwerg* geworden. Sterne mittlerer Masse besitzen einen radiativen Kern und eine konvektive Hülle (Heyssler 2015). Bei massearmen Sternen ist es umgekehrt. Daher produzieren Sterne mittlerer Masse in ihrer Endphase auch rund 60 % ihrer Leuchtkraft aus dem Wasserstoff-Schalenbrennen und nicht aus dem zentralen Heliumbrennen, wie massearme Sterne. Aber wie die masseärmeren Sterne besetzen die Mittelgewichtssterne in ihrer Endphase die *Instabilitätslücke* des HRD: Sie werden ebenfalls zu Pulsationsveränderlichen. Massearme Sterne werden zu *RR-Lyrae-Sternen*, Sterne mittlerer Masse zu *Cepheiden*.

Wir haben in Abschn. 2.4 die Endphasen massereicher Sterne beschrieben. Während massearme Sterne und Sterne mittlerer Masse mit ihrem Tod hauptsächlich Wasserstoff und Helium freisetzen, produzieren massereiche Sterne mit $\mathcal{M}_\star > 8\,\mathcal{M}_\odot$ durch sukzessives Schalenbrennen darüber hinaus schwerere Elemente wie Sauerstoff, Neon, Magnesium, Silizium und Eisen. Sobald ein an Eisen reicher Kern entstanden ist, erlöschen die Fusionsprozesse im Kern. Der Kern, und mit ihm der Stern, kollabieren unter der eigenen Schwerkraft und die daraus entstandenen Druckwellen schleudern fast die komplette Sternmaterie in einer gewaltigen *Supernovaexplosion* in den Raum. Übrig bleibt ein Neutronenstern, der häufig nicht mehr als einige Sonnenmassen wiegt. Bei Sternen im Massenbereich $8\,\mathcal{M}_\odot < \mathcal{M}_\star \leq 25\,\mathcal{M}_\odot$ hält der Entartungsdruck den Neutronenstern aufrecht und dieser entwickelt sich zu einem Pulsar oder Magnetar. Sterne im Massenbereich $\mathcal{M}_\star > 25\,\mathcal{M}_\odot$ (falls die Masse des entstandenen Neutronensterns $3\,\mathcal{M}_\odot$ übersteigt) (Janka 2011), können im Endstadium zu einem *stellaren Schwarzen Loch* kollabieren. Auch diese Alternativen sind in Abb. 2.3 skizziert.

Eine wichtige Anmerkung sei noch erlaubt: Wir haben bereits in (Heyssler 2014) erwähnt, dass von den 100–200 Mrd. Sternen in unserer Galaxis nur sehr wenige in den Bereich der superhellen Hyperriesen fallen, also Massen von über $150\,\mathcal{M}_\odot$ besitzen und stabil sind. Man vermutet, dass in unserer Galaxis die Menge dieser Sterne auf einige Dutzend beschränkt ist (Janka 2011, S. 119). Daher gilt das bisher Gesagte nur für Sterne bis etwa $100\,\mathcal{M}_\odot$ und eine Angabe $\mathcal{M}_\star > 25\,\mathcal{M}_\odot$ ist nicht beliebig extrapolierbar, denn hier finden andere Prozesse in den Endphasen statt. Die ersten Sterne zum Beispiel waren weitaus massereicher als unsere heutigen Sterne. Wir werden auf die massereichsten Sterne und ihre Endphasen in Kap. 3.3 zurückkommen, nachdem wir die Supernovae in Kap. 3 näher betrachtet haben.

Supernovae 3

In diesem Kapitel wollen wir die Supernovae etwas genauer betrachten. Schließlich gehören sie zu den dramatischsten Ereignissen in unserem Universum seit dessen Entstehung. Über ihre Bedeutung für die Elementenvielfalt haben wir bereits in Abschn. 2.4 berichtet. Wir haben Supernovae als Ergebnis des Todes massereicher Sterne kennengelernt. Es existieren weitere bekannte Mechanismen, die zu einer Supernova führen können. Diese wollen wir in Abschn. 3.1 vorstellen. Die gängige Klassifikation der Supernovae behandeln wir in Abschn. 3.2, und über ihre kosmische Bedeutung werden wir in Abschn. 3.3 berichten.

Zuvor sei noch eine Bemerkung zur *Notation* von Supernovae erlaubt. Ihre Bezeichnung geschieht durch das Präfix *SN*, gefolgt vom Jahr ihrer Entdeckung und einem lateinischen Groß- bzw. zwei lateinischen Kleinbuchstaben als Suffix. So bekam die erdnahe Supernova in der *Großen Magellanschen Wolke*, da sie die erste beobachtete Supernova des Jahres 1987 war, die Bezeichnung *SN 1987A*. Durch den Einsatz immer leistungsstärkerer Teleskope und die Durchführung spezieller Projekte zu ihrer Entdeckung werden jährlich einige hundert Supernovae in unserem Universum beobachtet, so dass 26 Großbuchstaben zu ihrer Katalogisierung nicht mehr ausreichen. Ab der 27. Supernova eines Jahres werden zwei Kleinbuchstaben, beginnend mit *aa* und endend mit *zz*, hinter die Jahreszahl gesetzt. Im Jahr 2014 wurden insgesamt 129 Supernovae entdeckt (IAU 2015). Die letzte katalogisierte Supernova dieses Jahres erhielt folglich die Bezeichnung *SN 2014dy*.

3.1 Supernovae reloaded

Grundsätzlich existieren heute zwei bekannte Möglichkeiten für die Entstehung einer Supernova. Wir haben die erste bei Sternen der Masse $\mathcal{M}_\star > 8\ \mathcal{M}_\odot$ in Abschn. 2.4 ausführlich behandelt. Nun wollen wir auf die Diskussion der *Weißen*

M. Heyssler, *Das Leben der Sterne*, essentials, DOI 10.1007/978-3-658-10650-8_3

Zwerge zurückkommen, die wir als vorläufige Endprodukte von Sternen geringer bis mittlerer Masse kennengelernt haben. Ist der Fusionsprozess in einem Stern beendet, kann die Gravitation zu einem Kollaps führen, wäre da nicht der Entartungsdruck der Elektronen, der nach außen wirkt und eine weitere Verdichtung des Kerns verhindert, nachdem der Gasdruck versiegt ist. Wir haben noch nicht über die Bedingungen gesprochen, unter denen der Entartungsdruck der Gravitation standhalten kann und den *Weißen Zwerg* in einem Gleichgewicht hält. Dies wollen wir nun nachholen und die Frage beantworten, ob denn ein Stern beliebig massereich sein kann, oder ob es eine Massengrenze gibt, ab der selbst der Entartungsdruck dem Eigenkollaps des Sterns nichts mehr entgegenzusetzen hat. Diese Grenzmasse, die nach dem indisch-amerikanischen Astrophysiker *Subrahmanyan Chandrasekhar (1910–1995)* als *Chandrasekhar-Grenzmasse* bezeichnet wird, hatten wir in Abschn. 2.4 impliziert, und wir wollen sie nun an dieser Stelle erläutern. Im Jahr 1983 erhielt Chandrasekhar den Nobelpreis für Physik für seine theoretischen Studien zur Struktur und Entwicklung der Sterne. Die Chandrasekhar-Grenzmasse $\widetilde{\mathcal{M}}_\star^{\mathrm{CGM}}$ Weißer Zwerge berechnet sich unter Berücksichtigung einer reinen Newton'schen Physik zu (Weinberg 1972, S. 316)

$$(\widetilde{\mathcal{M}}_\star^{\mathrm{CGM}})_{\mathrm{Newton}} = 5,87\,\mu^{-2}\,\mathcal{M}_\odot, \tag{3.1}$$

wobei μ das Verhältnis der Nukleonen zu Elektronen im Atom angibt. Die ursprüngliche Herleitung findet sich in (Chandrasekhar 1935). Eine Berücksichtigung der relativistischen Effekte liefert (Janka 2011)

$$\widetilde{\mathcal{M}}_\star^{\mathrm{CGM}} = 5,83\,\mu^{-2}\,\mathcal{M}_\odot, \tag{3.2}$$

wobei ein Vergleich mit Gl. (3.1) zeigt, dass die Relativitätstheorie bei *Weißen Zwergen* eine eher untergeordnete Rolle spielt. Dies sieht bei Neutronensternen anders aus. Hier liefern die radialsymmetrischen Lösungen der Einstein'schen Feldgleichungen mit Materie die gewünschten Ergebnisse. In Abschn. 2.2 haben wir erfahren, dass der *Weiße Zwerg* am Ende des Sternenlebens vorzugsweise aus ^4He, ^{12}C und ^{16}O besteht, also doppelt so viele Nukleonen wie Protonen bzw. Elektronen besitzt. Daher kann man näherungsweise $\mu = 2$ ansetzen und es folgt für die Chandrasekhar-Grenzmasse aus Gl. (3.2):

$$\widetilde{\mathcal{M}}_\star^{\mathrm{CGM}} \approx 1,46\,\mathcal{M}_\odot. \tag{3.3}$$

Wegen der Maßzahl μ, welche das Verhältnis von Kernbausteinen zu Elektronen angibt, ist einsichtig, dass die Chandrasekhar-Grenzmasse $\widetilde{\mathcal{M}}_\star^{\mathrm{CGM}}$ von der Materie des Sterns abhängt und nicht für alle *Weißen Zwerge* gleich ist. Somit gilt der Wert aus Gl. (3.3) für *Weiße Zwerge*, die doppelt so viele Nukleonen wie Elektronen besitzen. Außerdem berücksichtigt die Herleitung nur *nicht rotierende Weiße Zwerge* (Janka 2011). Die Eigenrotation schafft eine nach außen gerichtete Kraft, welche den Entartungsdruck unterstützt und somit die effektive Chandrasekhar-Grenzmasse erhöht.

Der Entartungsdruck stemmt sich dem Gravitationskollaps bei einem kompakten Objekt wie einem *Weißen Zwerg* also nur dann entgegen, wenn seine Masse die Chandrasekhar-Grenzmasse von etwa 1,4 $\mathcal{M}_\odot$ nicht überschreitet. Diese Masse wird allerdings bei massereichen Sternen aus Abschn. 2.4 in der Regel überschritten, so dass ein Neutronenstern entsteht. Bleibt die Frage zu klären, wann ein Neutronenstern der Gravitation unterliegt und ein *Schwarzes Loch* entsteht. In Abschn. 2.5 haben wir als Grenze für den Neutronenstern eine Masse von etwa 3 $\mathcal{M}_\odot$ angegeben. Eine analytische Herleitung dieser Grenze gelang 1939 dem amerikanischen Physiker *Julius Robert Oppenheimer (1904–1967)* zusammen mit dem in Russland geborenen kanadischen Physiker *George Michael Volkoff (1914–2000)* (Oppenheimer und Volkoff 1939), basierend auf Arbeiten des amerikanischen Physikers *Richard Chace Tolman (1881–1948)* (Tolman 1939). Ohne näher auf die brillanten Arbeiten der drei Forscher einzugehen, sei erwähnt, dass in der ursprünglichen Arbeit (Oppenheimer und Volkoff 1939) als Grenzmasse für den Kollaps eines Neutronensterns ein Wert $\widetilde{\mathcal{M}}_\star^{\mathrm{TOV}} = 0,75\ \mathcal{M}_\odot$ ermittelt wurde, die sogenannte *Tolman-Oppenheimer-Volkoff-Grenzmasse*. Diese läge noch unterhalb der Chandrasekhar-Grenzmasse. Nachdem im Laufe der Jahre die Zustandsgleichungen dichter hadronischer Materie besser verstanden wurden, wird der heutige Wert für die Grenzmasse der Neutronensterne mit $1,5\ \mathcal{M}_\odot \leq \widetilde{\mathcal{M}}_\star^{\mathrm{TOV}} \leq 3\ \mathcal{M}_\odot$ angegeben (Bombaci 1996), wenn man von einer Ausgangsmasse des Sterns von 15 bis 20 $\mathcal{M}_\odot$ ausgeht.

Fassen wir zusammen: Der Sternkollaps in der Endphase eines Sternenlebens führt zu einem *Weißen Zwerg*, wenn die Ausgangsmasse des Sterns im Bereich $\mathcal{M}_\star \leq 8\ \mathcal{M}_\odot$ liegt. Übersteigt die Masse des *Weißen Zwergs* die Chandrasekhar-Grenzmasse $\mathcal{M}_\star > \widetilde{\mathcal{M}}_\star^{\mathrm{CGM}} \approx 1,46\ \mathcal{M}_\odot$, kann der Entartungsdruck die Gravitation nicht mehr aufhalten und der *Weiße Zwerg* wird zum Neutronenstern. Sterne mit einer Masse $\mathcal{M}_\star > 8\ \mathcal{M}_\odot$ beenden ihr Leben in der Regel als Supernova und es bildet sich direkt ein Neutronenstern. Überschreitet die Masse des Neutronensterns die Tolman-Oppenheimer-Volkoff-Grenzmasse, kann der Entartungsdruck der Neutronen der Gravitation nicht mehr standhalten und der Neutronenstern selbst kollabiert. Einige Astrophysiker gehen davon aus, dass sich zunächst ein sogenannter *Quarkstern* bildet, ein kompaktes Objekt, dessen Materie aus den Elementarteilchen der Hadronen, den Quarks, besteht. Ein theoretisch fast zwingendes Objekt, dessen Nachweis allerdings bis heute nicht gelungen ist (Drake und

2002). Alternativ entsteht bei Überschreitung der Tolman-Oppenheimer-Volkoff-Grenzmasse $\widetilde{\mathcal{M}}_{\star}^{\text{TOV}}$ eine Singularität, ein stellares *Schwarzes Loch*. Nach heutiger Lehrmeinung (Janka 2011) entsteht ein stellares *Schwarzes Loch* als Folge einer Supernova, wenn die Ausgangsmasse des Sterns $\mathcal{M}_{\star} > 25\ \mathcal{M}_{\odot}$ und die Masse des Neutronensterns $\mathcal{M}_{\star} > \widetilde{\mathcal{M}}_{\star}^{\text{TOV}} \approx 3\ \mathcal{M}_{\odot}$ beträgt. Die Gesamtmasse ist dann im statischen Fall innerhalb des *Schwarzschild-Radius* vereint und der Ereignishorizont des *Schwarzen Lochs* verhindert jegliche direkte Information über diese Singularität.

Die in Abschn. 2.4 geschilderten Supernovae bezeichnet man als *Kernkollaps-* oder *hydrodynamische Supernovae*. Ihre theoretische Formulierung geht auf den in Bulgarien geborenen Schweizer Physiker *Fritz Zwicky (1898–1974)* zurück. Bereits kurz nach der Entdeckung des Neutrons als Kernbaustein im Jahr 1932 formulierte Zwicky zusammen mit dem deutschen Astrophysiker *Walter Baade (1893–1960)* die Theorie, dass Neutronensterne die Produkte einer Supernova sein könnten (Baade und Zwicky 1934). Bis zur Entdeckung des ersten Pulsars durch Jocelyn Bell im Jahr 1967 (siehe Abschn. 2.4) vergingen dann aber noch mehr als 30 Jahre. Eine kompakte und ausführliche Zusammenfassung der Kernkollaps- oder hydrodynamischen Supernovae findet sich z. B. in (Janka 2011).

Kommen wir nun zu einer zweiten wichtigen Art von Supernovae: Den *thermonuklearen Supernovae*. Ihre Bedeutung in der Kosmologie erreichten sie hauptsächlich durch die Möglichkeit, diesen Supernova-Typ als *Standardkerze* zur Entfernungsbestimmung in kosmischem Maßstab zu nutzen. Sie werden auch als *Typ-Ia-Supernovae* bezeichnet (siehe Abschn. 3.2). Bei den Kernkollaps-Supernovae dient ein massereicher Stern als Vorläufer, wie wir in Abschn. 2.4 besprochen haben. Dadurch waren die Massenverhältnisse derart, dass der Kollaps nicht mit der Bildung eines *Weißen Zwergs* endete, sofern dieser die Chandrasekhar-Grenzmasse aus Gl. (3.2) überschritt, und ein Übergang zu einem Neutronenstern möglich war. Im Fall der thermonuklearen Supernovae sind die Vorläufersterne bislang nicht zweifelsfrei identifiziert worden. Dennoch zeigten Untersuchungen, dass bei diesem Supernova-Typ die herausgeschleuderte Materie eine Masse von nur etwa 1 bis 2 $\mathcal{M}_{\odot}$ hat (Janka 2011, S. 121) und ihre chemische Zusammensetzung der eines *Weißen Zwergs* ähnelt. Weitere Indizien, auf die wir bei der Klassifikation der Supernovae in Abschn. 3.2 eingehen werden, die nicht auf die Explosion eines massereichen Sterns hindeuten, sind der steile Abfall der Leuchtkraft einer thermonuklearen Supernova sowie die relativ zeitnah einsetzende Transparenz der Explosionswolke, die auf die geringe Masse des Vorläufersterns schließen lässt. Es ist also naheliegend, als theoretisches Konstrukt die Explosion eines *Weißen Zwergs* zu postulieren, der seine Chandrasekhar-Grenzmasse übersteigt. Bleibt die Frage

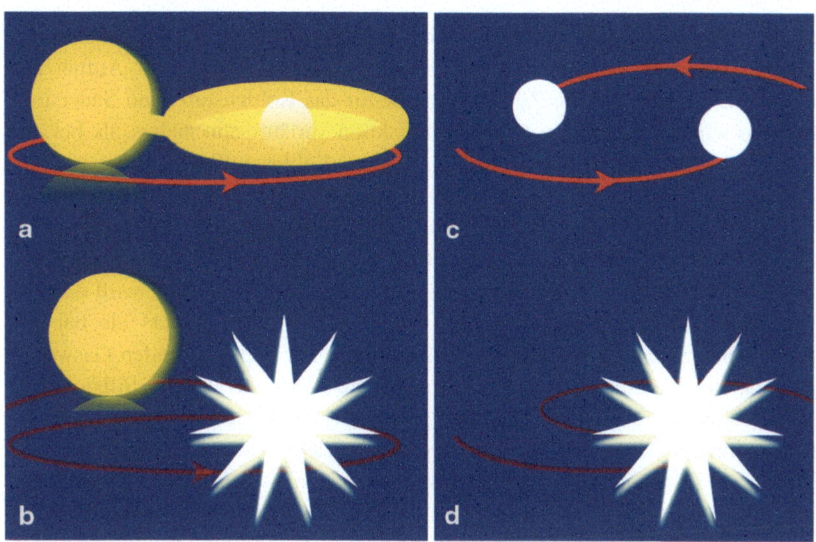

Abb. 3.1 Mögliche Prozesse zur Bildung einer thermonuklearen Supernova: Akkretionsszenarium (**a** und **b**) und Verschmelzungsszenarium (**c** und **d**)

zu klären, welche Mechanismen dem *Weißen Zwerg* zusätzliche Masse zuführen, um seinen Kollaps, und somit seine Explosion als Supernova, einzuleiten.

Wir wollen zwei mögliche Prozesse diskutieren, die zu einer *thermonuklearen Supernova* führen können. Im ersten Szenarium wird der *Weiße Zwerg*, der ein Produkt eines Sternentods eines masseärmeren Sterns, wie in den Abschn. 2.2 und 2.3 beschrieben, sein könnte, von einem massereicheren Stern innerhalb eines Doppelsternsystems begleitet: Das sogenannte *Akkretionsszenarium* (Abb. 3.1a und 3.1b). Im zweiten Prozess vereinigen sich zwei *Weiße Zwerge* und überschreiten so in Summe die Chandrasekhar-Grenzmasse: Das sogenannte *Verschmelzungsszenarium* (Abb. 3.1c und 3.1d).

Im Akkretionsszenarium strömt Gas von einem Begleiter[1] zum *Weißen Zwerg* und bildet in seiner Bahnebene, wegen der Erhaltung des Drehimpulses, zunächst eine Akkretionsscheibe (Abb. 3.1a). Hat der *unkritische Weiße Zwerg* genug Materie aufgenommen und überschreitet so die *kritische* Chandrasekhar-Grenzmasse

[1] Man spricht auch von einem *kataklysmischen Doppelsternsystem*, das wir bereits als symbiotisches System in (Heyssler 2015) kennengelernt haben.

aus Gl. (3.3), kann der Entartungsdruck des *Weißen Zwergs* der Kontraktion nicht mehr standhalten. Mit der einsetzenden Kontraktion kommt es zur Aufheizung in seinem Inneren und die Zündtemperatur für das Kohlenstoff- und Sauerstoffbrennen wird überschritten. Die Kettenreaktion verläuft nun anders als bei den Kernkollaps-Supernovae aus Abschn. 2.4. Das Kohlenstoffbrennen setzt explosionsartig ein und dadurch wird die Bildung eines Neutronensterns unterbunden. Der *Weiße Zwerg* detoniert mit der Folge einer thermonuklearen Supernova bzw. Typ-Ia-Supernova (Abb. 3.1b). Der Begleiter erhält durch die thermonukleare Explosion einen entsprechenden Impuls und seine Eigenbewegung wird dadurch erhöht. Bei thermonuklearen Supernovae verbleibt somit, anders als bei den Kernkollaps-Supernovae, kein Objekt im Inneren der expandierenden Gaswolke. Die nukleare Verbrennung von Kohlenstoff und Sauerstoff erzeugt Silizium und Nickel. Eine ausführliche Beschreibung des thermonuklearen Brennens und eine Diskussion der Ausbreitung dieses Vorgangs durch die entartete Materie des *Weißen Zwergs* im Rahmen der *Detonations*- und *Deflagrationstheorie* finden sich z. B. in (Janka 2011).

Es gibt aber ein Problem: Die Aussage von Fred Hoyle und William Fowler, dass Typ-Ia-Supernovae ein Ergebnis eines an Kohlenstoff und Sauerstoff reichen *Weißen Zwergs* sind (Hoyle und Fowler 1960), hat seit über 50 Jahren Bestand. Spektrale und andere Untersuchungen zeigten eine grundsätzliche Bestätigung dieser Hypothese. Allein das Akkretionsszenarium ist in den letzten Jahren etwas ins Wanken geraten (Janka 2011). Insbesondere die Suche nach einer Beantwortung der Frage, ob das Erreichen der Chandrasekhar-Grenzmasse eine *notwendige* Bedingung für das explosive Zünden des Kohlen- und Sauerstoffs ist, war dafür verantwortlich. Denn bisher wurden keine *Weißen Zwerge* beobachtet, deren Massen oberhalb eines Wertes von $1,25\ \mathcal{M}_\odot$ liegen (Janka 2011, S. 125). In der Regel liegen die Werte sogar noch deutlicher unterhalb der Chandrasekhar-Grenzmasse. Zu erwarten wären zumindest einige Kandidaten, die kurz vor der Bildung einer thermonuklearen Supernova stehen, da die Akkretion der Masse vom Begleitstern immerhin einen beträchtlichen Zeitraum von bis zu einigen Millionen Jahren benötigt und daher schon rein statistisch *Weiße Zwerge* mit Massen oberhalb $1,25\ \mathcal{M}_\odot$ existieren müssten. Immerhin geht man davon aus, dass es in unserer Milchstraße etwa 10 000 solcher Kandidaten geben sollte (Janka 2011). Das *Chandra X-ray Observatory*, ein 1999 gestarteter Satellit, der mit einem Röntgenteleskop ausgestattet war, untersuchte die Röntgenleuchtkraft einiger elliptischer Galaxien. Bei der Häufigkeit von Typ-Ia-Supernovae interpretierten nicht wenige Forscher die Ergebnisse so, dass weniger als 5 % aller thermonuklearen Supernovae auf das Akkretionsszenarium zurückzuführen sind (Janka 2011, S. 125). Auf der

Oberfläche des *Weißen Zwergs* verbrennt der vom Begleitstern einströmende Wasserstoff fortwährend zu Kohlenstoff und erhitzt diese auf etwa eine Million Kelvin – eine helle Röntgenquelle ist so entstanden und könnte z. B. mit dem Chandra-Teleskop nachgewiesen werden. Wären alle in diesen Sterneninseln beobachteten thermonuklearen Supernovae auf das Akkretionsszenarium zurückführbar, müssten die untersuchten elliptischen Galaxien in Summe etwa 30 bis 50 Mal mehr Röntgenstrahlung abgeben, als beobachtet wurde. Wenn das Akkretionsszenarium wie beschrieben stattfindet, spielt es somit statistisch eine eher untergeordnete Rolle bei thermonuklearen Supernovae. Dennoch wurden einige Kandidaten möglicher Akkretionsszenarien untersucht und auf eine Beobachtung wollen wir kurz eingehen, die wir in Abb. 3.2 präsentieren. Das Bild ist ein Komposit von Aufnahmen im Röntgen-, Infrarot- sowie im optischen Bereich des Supernovaüberrestes der von Tycho Brahe im Jahr 1572 beobachteten und dokumentierten Supernova *SN1572*. Der Überrest befindet sich etwa 7 500 Lj von uns entfernt im Sternbild *Cassiopeia*. Umgeben ist er von einem bläulich schimmernden Ring, der sich im Röntgenbereich offenbart. Angeregt wird dieses Leuchten durch Wechselwirkung der hochenergetischen Elektronen der Gaswolke mit dem angrenzenden interstellaren Medium. Im Zentrum wurde ein *Unterriese* mit sonnenähnlicher Leuchtkraft identifiziert. Seine Eigenbewegung wurde gemessen (Janka 2011) und mit etwa 140 km/s bewegt sich dieser Stern etwa dreimal schneller durch den Raum als die ihn umgebenden Sterne. *SN1572* ist nach Meinung einiger Forscher somit ein Beispiel einer thermonuklearen Supernova nach dem Akkretionsszenarium. Der ehemalige Begleitstern, auch *Tycho G* genannt, der nicht im Zentrum des Supernovaüberrestes sitzt, was somit ein Hinweis auf seine Begleitnatur sein könnte, hat diese enorme Eigenbewegung vermutlich als Folge der Explosion des *Weißen Zwergs* erhalten und bewegt sich seitdem als *Runaway-Stern* durch das Universum. Diese Beobachtungen passen zum Akkretionsszenarium, wobei natürlich keine Informationen über den Vorläuferstern mehr vorliegen und seine Masse vor der Explosion maximal auf Basis der heute beobachtbaren Gaswolke grob rekonstruiert werden kann.

Im Verschmelzungsszenarium bilden zwei *Weiße Zwerge* ein enges Doppelsystem, wie in Abb. 3.1c gezeigt. Wir haben in (Heyssler 2015) die *AM-Canum-Venaticorum-Sterne* als solche besonderen Sternsysteme bereits kennengelernt. Da es sich um zwei Komponenten handelt, die beide entartet sind, wird das Verschmelzungsszenarium auch häufig als *zweifach entartetes Szenarium* bezeichnet. Im Gegensatz dazu bezeichnet man das Akkretionsszenarium auch als *einfach entartetes Szenarium*, da nur ein entarteter *Weißer Zwerg* und ein nicht entarteter Begleiter beteiligt sind. Nun besteht im Verschmelzungsszenarium die Möglichkeit, dass einer der beiden *Weißen Zwerge* Masse von dem

Abb. 3.2 Überrest der Supernova *SN1572*. Aufnahme: NASA/CXC/SAO/JPL-Caltech/ Calar Alto Observatorium (O. Kraus et al.)

zweiten *Weißen Zwerg* aggregiert und dadurch, wie im Akkretionsszenarium, die Chandrasekhar-Grenzmasse überschreitet. Oder aber die beiden *Weißen Zwerge* verschmelzen als Folge einer Kollision (siehe Abb. 3.1d) und überschreiten in Summe die Chandrasekhar-Grenzmasse. Die Verschmelzung könnte dadurch begünstigt werden, dass beide Komponenten nach der Allgemeinen Relativitätstheorie *Gravitationswellen* abstrahlen und diese dem Doppelsystem sowohl Energie als auch Drehimpuls entziehen. Mit der Kollision beider Komponenten entscheidet dann die Gesamtmasse, ob eine thermonukleare Supernova stattfindet. Der Charme dieses Szenariums ist, dass es mehr in Übereinstimmung mit den weiter oben geschilderten Beobachtungen zu sein scheint. Zum Beispiel wäre die beobachtete Massenobergrenze *Weißer Zwerge* von $1,25\ \mathcal{M}_{\odot}$ kein Argument gegen das Verschmelzungsszenarium.

Insgesamt wurden thermonukleare Supernovae in den unterschiedlichsten Galaxien nachgewiesen, aber sie scheinen bevorzugt in aktiven Galaxien mit relativ hohen Sternentstehungsraten aufzutreten (Janka 2011, S. 128). Dies lässt den Rückschluss zu, dass die Entwicklungszeiten thermonuklearer Supernovae recht kurz sind. Es existiert, nach heutigem Stand der Forschung, eine Gruppe thermonuklearer Supernovae, deren Vorläufer bereits nach einigen hundert Millionen Jahren in einer Explosion vergehen, und eine zweite Gruppe, die hierfür etliche Milliarden

Jahre benötigt. Die Lichtkurven beider Gruppen sind auch recht unterschiedlich. Trägt man die Leuchtkraft der thermonuklearen Supernovae über die Zeit auf, so besitzt die *schnelle* Gruppe eine durchweg höhere maximale Leuchtkraft, die sehr langsam abfällt, während die Kandidaten der *langsamen* Gruppe eine signifikant geringere maximale Leuchtkraft aufweisen und ihre Lichtkurven sowohl rascher ansteigen als auch abfallen. Wegen der Tatsache, dass thermonukleare Supernovae bezüglich Leuchtkraft und Lichtkurve in sehr engen Grenzen ablaufen und somit die maximalen Helligkeiten M_V gut bekannt sind, können diese Ereignisse durch Messen der scheinbaren Helligkeiten m_V zur Entfernungsbestimmung im Universum eingesetzt werden. Hierzu dient das Entfernungsmodul, welches wir in (Heyssler 2014) diskutiert haben.

Thermonukleare Supernovae sind ein gutes Hilfsmittel zur kosmischen Entfernungsbestimmung, aber immer noch nicht gänzlich verstanden. Die Frage nach den stellaren Vorläufersystemen ist keineswegs zweifelsfrei geklärt und somit sind die Mechanismen ihrer Entstehung noch nicht vollständig entschlüsselt. Die hier präsentierte Diskussion sollte einen Einblick in die komplexe Phänomenologie liefern und keine abschließende Theorie darstellen. Es herrscht noch eine Diskrepanz zwischen Beobachtung und Theorie, auch wenn viele Sachverhalte bereits gut verstanden sind. Einige Forscher bringen die Ursache und den Ablauf thermonuklearer Supernovae in Zusammenhang mit dem Galaxientyp, in dem sie stattfinden. Auf der anderen Seite ist noch größtenteils ungeklärt, warum die leuchtkräftigeren thermonuklearen Supernovae vorzugsweise in jungen Galaxien stattfinden und sich dort schneller entwickeln (Janka 2011). Auch ist es denkbar, dass die Aussage von Hoyle und Fowler, die wir weiter oben präsentiert haben, zwar notwendig, nicht aber hinreichend ist. Einige Sternexplosionen könnten zwar die Charakteristika einer thermonuklearen Supernova aufweisen, aber die Vorläufer müssten nicht zwingend thermonuklear explodierende *Weiße Zwerge* gewesen sein. Supernovae haben all die Jahre hindurch nichts von ihrer Faszination und ihrer geheimnisvollen und mystischen Natur verloren.

3.2 Klassifikation der Supernovae

Wir haben Supernovae als Folgen eines Gravitationskollapses massereicher Sterne in Abschn. 2.4 kennengelernt, die sogenannten *Kernkollaps-Supernovae*. Alternativ können *Weiße Zwerge*, wie in Abschn. 3.1 diskutiert, durch die nukleare Verbrennung von Kohlenstoff und Sauerstoff thermische Energie für eine *thermonukleare Supernova* erzeugen. Jede dieser Supernovae setzt im Durchschnitt innerhalb weniger Tage so viel Strahlungsenergie frei, wie unsere Sonne während ihrer kompletten Existenz seit etwa 5 Mrd. Jahren abgegeben hat.

Die unterschiedlichen Mechanismen, die zu Supernovae führen können, sollten sich eigentlich auch in deren Klassifikation widerspiegeln. In der Realität entspricht diese aber nicht unbedingt direkt den physikalischen Entstehungsprozessen, die wir bisher diskutiert haben. Supernovae werden vielmehr anhand ihrer Strahlungsspektren, d. h. der Energieverteilung ihrer elektromagnetischen Strahlung pro Wellenlängen λ, klassifiziert, die wir auch schon bei der spektralen Klassifikation der Sterne in (Heyssler 2014) kennengelernt haben. Die Charakteristika in der Energieverteilung, sowie das Auftreten bestimmter Absorptionslinien innerhalb der Spektren, lassen Rückschlüsse auf die chemische Zusammensetzung des in der Explosion freigesetzten Gases zu. Auch hier dient, wie bei den Sternen, das Spektrum wieder als individueller Fingerabdruck der Supernova. Und wie in den Sternspektren liefern die Linienbreiten Informationen über die Menge eines vorhandenen Elements, und die Verschiebungen der charakteristischen Absorptionslinien gegenüber der Wellenlänge im irdischen Labor geben, mittels Doppler-Effekt, Auskunft über die Bewegungsrichtung sowie die Geschwindigkeit des Gases (Heyssler 2014). Zur Klassifikation der Supernovae werden die Linien von Wasserstoff (*Balmer-Serie*), Helium sowie Silizium herangezogen. Gemessen werden die Spektren zu Klassifikationszwecken im Zeitraum der maximalen Helligkeit der Supernovae. Man spricht in diesem Zusammenhang von den sogenannten *frühen Spektren*.

Eine erste Hauptklassifikation liefert die Balmer-Serie des Wasserstoffatoms. Sie definiert die energetischen Übergänge eines Elektrons zum zweittiefsten Energieniveau E_2 des Wasserstoff-Orbitalmodells. Im sichtbaren Spektralbereich finden sich insgesamt vier Balmer-Linien ($H\alpha$ bis $H\delta$). Der Übergang zwischen den Energieniveaus $E_3 \rightarrow E_2$ definiert die $H\alpha$-Linie, der Übergang $E_4 \rightarrow E_2$ die $H\beta$-Linie, und so weiter. Die $H\alpha$-Linie liegt mit $\lambda_{H\alpha} = 656$ nm im roten Spektralbereich, die $H\beta$-Linie befindet sich mit $\lambda_{H\beta} = 486$ nm im blau-grünen Spektralbereich. Die Balmer-Serie setzt sich bis in den unsichtbaren ultravioletten Spektralbereich fort.

Liegen in den frühen Spektren der Supernovae keine Balmer-Linien vor, spricht man von einer Supernova vom Typ I. Liegen entsprechende Wasserstofflinien vor, handelt es sich um eine Supernova vom Typ II. Die Kernkollaps-Supernovae aus Abschn. 2.4 gehören zum Typ II. Dies hängt mit dem hohen Anteil an Wasserstoff zusammen, der sich bei der Explosion des massereichen Sterns in seinen äußeren Schichten angesammelt hat. Wenn von einer Typ-II-Supernova gesprochen wird, dann wissen wir, dass es sich hierbei um eine Kernkollaps-Supernova handelt, die

Tab. 3.1 Elementare Unterklassifikation der Typ-I-Supernovae (keine Balmer-Linien) anhand der in den frühen Spektren vorhandenen spektralen Charakteristika von Helium und Silizium

	Thermonukleare Supernovae	Kernkollaps-Supernovae
Starke He-Linien		**Typ Ib**
Schwache He-Linien	**Typ Ia**	**Typ Ic**
	Starke Si-Linien	Schwache Si-Linien

in ihrem frühen Spektrum ausgeprägte Wasserstofflinien aufweist. Aber nicht alle Kernkollaps-Supernovae gehören dem Typ II an, wie wir gleich sehen werden.

Typ-I-Supernovae haben, wie oben beschrieben, als Gemeinsamkeit, dass in ihren frühen Spektren keine Balmer-Linien vorliegen. Ihre weitere Unterscheidung wird anhand der Stärke der Helium- bzw. Siliziumlinien getroffen. Die elementare Unterklassifikation der Typ-I-Supernovae bezüglich der Spektrallinien dieser beiden Elemente findet sich in Tab. 3.1.

Die thermonuklearen Supernovae aus Abschn. 3.1 gehören dem Typ Ia an. Ihre frühen Spektren weisen keine bzw. nur schwache Wasserstoff- und Heliumlinien, dafür aber ausgeprägte Siliziumlinien auf. Das ist die Folge des beim *Weißen Zwerg* einsetzenden Kohlenstoff- und Sauerstoffbrennens, welches sich thermonuklear und explosiv zu Silizium umwandelt. Die Typen Ib und Ic gehören hingegen zu den Kernkollaps-Supernovae. Sie besitzen im Gegensatz zu den Typ-II-Supernovae keine Wasserstofflinien in ihren frühen Spektren, was darauf hindeutet, dass der massereiche Stern bereits vor seiner Explosion seine Wasserstoffhülle größtenteils abgestoßen hat. Auf der anderen Seite kann ihr Zustandekommen nicht auf die Explosion eines *Weißen Zwergs* infolge einer thermonuklearen Supernova zurückgeführt werden, da die Typen Ib und Ic keine oder nur sehr schwache Siliziumlinien aufweisen, ein Element, welches zum Zeitpunkt einer thermonuklearen Explosion ausreichend vorhanden war. Vielmehr scheint der Vorrat an Silizium im Rahmen des Siliziumbrennens, wie in Abschn. 2.4 geschildert, fast vollständig verbraucht worden zu sein, wenn es zu einer Supernova des Typs Ib oder Ic kommt. Die Typen Ib und Ic unterscheiden sich aufgrund ihrer Heliumlinien in ihren frühen Spektren. War zum Zeitpunkt der Explosion die äußere Heliumhülle des massereichen Sterns noch weitestgehend vorhanden, wurde das Helium während der Explosion herausgeschleudert und das Licht der Supernova passiert auf dem Weg zu uns dieses Edelgas, was zu den charakteristischen Absorptionslinien im Spektrum führt. In diesem Fall spricht man von einer Typ-Ib-Supernova. War die

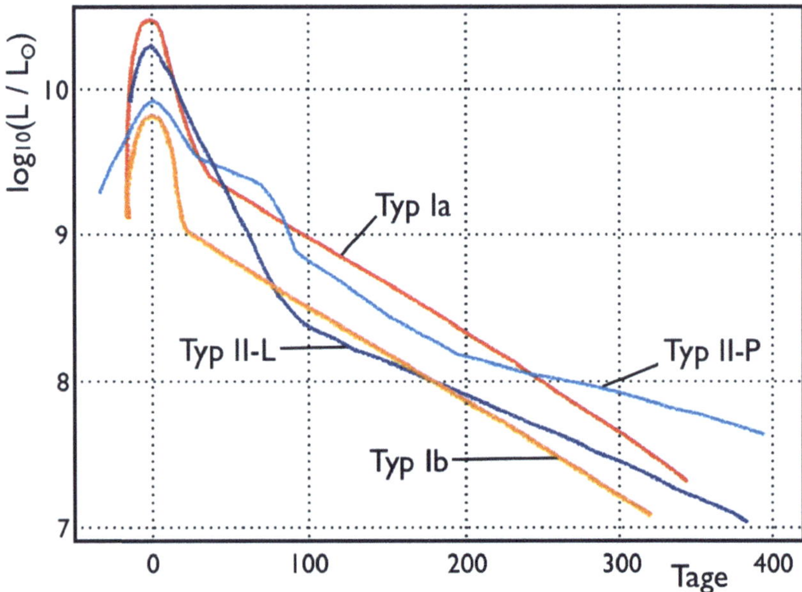

Abb. 3.3 Lichtkurven der Supernova-Typen Ia, Ib, II-L und II-P nach Daten aus (Wheeler 1990)

Heliumhülle aber zum Zeitpunkt der Explosion schon größtenteils abgestoßen, finden sich keine oder nur schwache Heliumlinien im Spektrum der Supernova. In diesem Fall handelt es sich um eine Kernkollaps-Supernova vom Typ Ic.

Obwohl Supernovae extrem leuchtkräftige Ereignisse sind, ist es nicht immer möglich, die Spektren weit entfernter Sternexplosionen zwecks einer Klassifikation zu analysieren. Mit einer gehörigen Portion Vorsicht können aber gegebenenfalls ihre *Lichtkurven* Auskunft über ihren Charakter geben. Hierzu wird die Leuchtkraft L der Supernova über die Zeit gemessen. Die Bestimmung der Leuchtkraft bei Sternen haben wir bei der Diskussion des Hertzsprung-Russell-Diagramms in (Heyssler 2014) ausführlich behandelt. In Abb. 3.3 sind die Lichtkurven einiger Typen von Supernovae nach der eben erörterten Klassifikation skizziert. Die Daten der Lichtkurven stammen aus (Wheeler 1990) und sind für den strahlungssensitiven blauen Spektralbereich (Heyssler 2014) dargestellt. Die Leuchtkraft der Supernova ist logarithmisch in Einheiten der Sonnenleuchtkraft $L_\odot$ aufgetragen. Die thermonuklearen Supernovae vom Typ Ia erreichen die größte Leuchtkraft mit $L > 10^{10}\,L_\odot$. Die Leuchtkraft von über 10 Mrd. Sonnenleuchtkräften wird in einer solchen thermonuklearen Explosion innerhalb kurzer Zeit freigesetzt. Im Gegensatz dazu besitzen die Kernkollaps-Supernovae vom Typ Ib im Durchschnitt die geringste Leuchtkraft, wobei ein Wert von über einer Milliarde Sonnenleuchtkräften nicht gerade als weniger imposant zu werten ist. Nach etwa 100 Tagen ist die maximale Leuchtkraft bei allen Supernovae relativ deutlich abgefallen und die Lichtkurven zeigen einen nahezu exponentiell abklingenden Verlauf. Dieser Verlauf ist beispielsweise bei radioaktiven Zerfällen zu beobachten und die Meinung der Forscher ist dahingehend recht mehrheitlich, dass bei Supernovae insbesondere der Zerfall von Nickel ^{56}Ni eine wichtige Rolle spielt (Janka 2011), ein Kern, der aus 28 Protonen und der gleichen Anzahl Neutronen besteht. Dieses Element entsteht direkt bei einer Kernkollaps-Supernovae, wie in Abschn. 2.4 (Gl. (2.6)) beschrieben, aber auch als Produkt des explosiven Siliziumbrennens bei einer thermonuklearen Supernova. Simulationen gehen davon aus, dass bei einer thermonuklearen Supernova etwa 0, 5 bis 1 $\mathcal{M}_{\odot}$ dieses radioaktiven Isotops produziert werden, bei Kernkollaps-Supernovae sind es immerhin noch 0, 1 $\mathcal{M}_{\odot}$ (Janka 2011, S. 10). Durch den radioaktiven Zerfall wird Energie freigesetzt, welche die von der Supernova freigesetzte Materie aufheizt und über einen Zeitraum von einigen Monaten zum Leuchten bringt. Als Produkt des radioaktiven Zerfalls von ^{56}Ni entsteht Cobalt ^{56}Co, was seinerseits wieder radioaktiv zerfällt und somit den späteren Verlauf der Lichtkurven prägt. Die Halbwertszeit von ^{56}Ni beträgt gut 6 Tage, die von ^{56}Co fast 80 Tage. Radioaktives Cobalt wurde z.B. in der thermonuklearen Supernova *SN 2014J* nachgewiesen (Churazov et al. 2014). Das Zerfallsprodukt von Cobalt ist das stabile Eisen-Isotop ^{56}Fe (siehe Gl. (2.6)). Die dargestellten Lichtkurven folgen aber keinem strengen exponentiellen Gesetz. Vielmehr sind die radioaktiven Zerfälle von weiteren Effekten überlagert. Ein Teil der durch den radioaktiven Zerfall freigesetzten Energie erhöht die kinetische Energie des umgebenden Gases und dient somit nicht mehr der Leuchtkraft. Auch besteht die von der Supernova herausgeschleuderte Materie zu einem guten Teil aus Staubpartikeln, welche die energiereichere Strahlung durch Stöße in niederenergetische infrarote Strahlung umwandeln, so dass die Lichtkurven gerade für blaues Licht in Abb. 3.3 bezüglich Leuchtkraft gedämpft sind. Erst wenn sich die Gashülle durch ihre Ausdehnung entsprechend verdünnt hat, wird sie für energiereiche Photonen wieder durchlässiger.

Abbildung 3.3 zeigt auch zwei Untergruppen von Typ-II-Supernovae: Solche mit einem eher linearen Abfall (Typ II-L) und jene, die nach ihrem Maximum phasenweise ein Plateau in ihrer Lichtkurve aufweisen (Typ II-P). Grundsätzlich ist ein Unterschied zwischen den Lichtkurven bereits in der Dauer (Breite) ihres Leuchtkraftmaximums zu sehen: Je mehr Masse der explodierende Stern hatte (wie bei den Typ-II-Supernovae), desto ausgeprägter ist das Leuchtkraftmaximum. Lag darüber hinaus zur Explosion des Vorläufersterns eine sehr ausgedehnte Wasserstoffhülle vor, dann ionisierte die Explosionsfront den vorhandenen Wasserstoff und setzte in der äußeren Hülle Elektronen frei. Diese behindern die aus dem Inneren der Supernova kommenden Photonen. Erst wenn sich die äußere Hülle wieder abgekühlt hat, können die Photonen ungehindert entweichen. Dies führt zu einem *Strahlungsstau*, der ein Plateau in der Lichtkurve beim Typ II-P aus Abb. 3.3 erzeugt. Dieser Effekt ist auch für den vergleichsweise langsameren Anstieg der Lichtkurve zum Leuchtkraftmaximum verantwortlich. Während also Explosionen massereicher Sterne mit ausgedehnten und dichten Wasserstoffhüllen Lichtkurven vom Typ II-P zeigen, entstehen die Lichtkurven vom Typ II-L, wenn der massereiche Stern bereits vor seiner Explosion einen großen Teil seiner Wasserstoffhülle verloren hat, aber noch genügend Wasserstoff besitzt, der den spektralen Nachweis der Balmer-Linien ermöglicht.

Neben den besprochenen Typen von Supernovae existieren heute noch weitere Fälle, die nicht in das bisherige Klassifikationsschema passen. So existieren Typ-IIb-Supernovae, die anfänglich ausgeprägte Wasserstofflinien in ihren frühen Spektren aufweisen, welche dann aber immer mehr von markanten Heliumlinien abgelöst werden, wie wir sie von den Typ-Ib-Supernovae her kennen (daher auch die Bezeichnung Typ IIb). Dies könnte ein Indiz dafür sein, dass die Vorläufersterne ihre Wasserstoffhüllen größtenteils, aber nicht vollständig, abgeworfen haben. Daher sollten Typ-IIb-Supernovae einen Mittelwert an Wasserstoffanteilen zwischen Ereignissen vom Typ Ib und Typ II-L besitzen. Auf sehr helle Supernovae mit plateauartiger Phase, die aber im Maximum etwa zehn bis hundertmal heller als Ereignisse vom Typ II-P sind, die sogenannten Paarinstabilitäts-Supernovae, werden wir in Kap. 4 eingehen. Eine Diskussion weiterer Typen von Supernovae und supernovaartigen Ausbrüchen, wie beim Stern η *Carinae*, finden sich in kompakter Form z. B. in (Janka 2011). Eine sehr lesenswerte Lektüre, wenn Sie tiefer in diese faszinierende Materie eindringen wollen.

3.3 Bedeutung von Supernovae

Wir fassen in diesem Abschnitt die Bedeutung von Supernovae nach unseren bisherigen Diskussionen zusammen, präsentieren aber auch einige neue Aspekte, die den Ausführungen in (Janka 2011) folgen.

- Bei der Diskussion der Sternentstehung in (Heyssler 2014) sind uns Supernovae als *Geburtshelfer* neuer Sterngenerationen begegnet. Die Stoßwellen einer

Supernova können interstellare Geburtswolken verdichten und so ihre Kontraktion anregen und beschleunigen – ein wichtiger Aspekt für die Sternentstehung.
- Massereiche Sterne erbrüten in ihrer Endphase schwerere Elemente als Helium, die neben den während einer Supernovaexplosion erzeugten Elementen dem kosmischen Materiekreislauf zugeführt werden (siehe Abschn. 2.4). Dies ist eine Grundvoraussetzung für Entwicklungen innerhalb des Universums.
- Supernovae nach einem Sternkollaps (thermonukleare Supernovae sind davon ausgenommen) sind für die Entstehung von Neutronensternen und stellaren *Schwarzen Löchern* (siehe Abschn. 2.4) verantwortlich. Diese bisher exotischsten Objekte unseres Universums beeinflussen die moderne Physik und schlagen eine Brücke zwischen der Kosmologie und der Quantenphysik.
- Supernovae, speziell die thermonuklearen Supernovae, helfen den Kosmologen als Standardkerzen zur Entfernungsbestimmung bei der Vermessung unseres Universums (siehe Abschn. 3.1).
- Supernovae sind Lieferanten exotischer Teilchen, denn es herrschen Bedingungen, die im Labor nicht nachstellbar sind. U. a. Neutrinos sind hierbei die Boten dieser extremen Materieeigenschaften (siehe Abschn. 2.4). Die besonderen Bedingungen machen kollabierende Sterne zu den stärksten bekannten Neutrinoquellen.
- Gravitationswellen könnten sich nach derartigen gewaltigen Ereignissen, wie dem Kollaps eines massereichen Sterns oder seiner Explosion, durch die Raum-Zeit ausbreiten und die Allgemeine Relativitätstheorie bestätigen, wenn sie nachgewiesen würden (siehe Abschn. 3.1).
- Supernovae haben Einfluss auf die Entstehung und Entwicklung ganzer Galaxien. Die von ihnen erzeugten Turbulenzen im interstellaren Medium verändern die Verteilung von Gas und Materie innerhalb der Galaxien (Janka 2011).
- Noch mehr als entfernte Quasare oder Galaxien enthält die Strahlung einer Supernova Informationen über das frühe Universum. Insbesondere die *kosmischen Gammablitze* erreichen uns heute aus einer Zeit, in der das Universum nur wenige hundert Millionen Jahre alt war (Janka 2011).

Die kosmologische und physikalische Bedeutung der Supernovae ist von unschätzbarem Wert für das Wissen über die Vergangenheit, die Gegenwart und die Zukunft unserer kosmischen Heimat.

4 Die ersten Sterne

In unseren bisherigen Ausführungen zum Leben der Sterne spielte der Materiekreislauf eine große Rolle. Sterne, besonders die massereichen, erbrüten während ihrer Existenz schwerere Elemente als Wasserstoff und Helium, welche die Astrophysiker auch lapidar als *Metalle* bezeichnen. Diese *Metalle* werden in der Regel erst beim Tod der Sterne freigesetzt. Bei der Entwicklung der Sterne aus den interstellaren Wolken haben wir in (Heyssler 2014) die Anwesenheit schwerer Elemente als wichtige Voraussetzung für die Kontraktion der Dunkelwolken und die damit verbundene dynamische Bildung von Protosternen kennengelernt. Wir stellten fest, dass ein Staubanteil von etwa 2 % der interstellaren Wolke durch Stoßanregung bereits genügend thermische Energie entzieht und sie gegen äußere energiereiche UV-Strahlung abschirmt, die wiederum zu einer Aufheizung führen und der Bildung von Protosternen entgegenwirken würde. Außerdem legten wir dar, dass Staub als Katalysator zur Bildung der für diesen Prozess so wichtigen Moleküle dient. Wenn schwere Elemente aber erst in den Sternen erbrütet werden, wie konnten sich dann die ersten Sterne in unserem Universum bilden und welche Besonderheiten wiesen sie auf? Diese Frage wollen wir zum Abschluss kurz aufgreifen, nachdem wir nun das Verständnis für die Grundmechanismen der Sternentstehung erarbeitet haben. Darüber hinaus ist die Geburt der ersten Sterne ein wichtiges Thema der aktuellen Forschung und die Computer werden, wie oft bei der Suche nach Antworten auf die Fragen zur Physik der Sterne, mit Parametern und Modellen gefüttert, um die Sternentstehung in der frühen Phase unseres Universums besser zu verstehen. Mit *früh* meinen wir den Zeitraum, ab dem sich die ersten Atome gebildet haben, etwa 380 000 Jahre nach der Entstehung von Raum und Zeit. Erkenntnisse über die ersten Sterne führen auch zwangsläufig zu Wissen über den Zustand des frühen Universums (Lesch und Müller 2011), so dass dieser Zweig der Astrophysik einen hohen Stellenwert für das Verständnis unseres Ursprungs hat.

M. Heyssler, *Das Leben der Sterne,* essentials, DOI 10.1007/978-3-658-10650-8_4

Wenn wir unsere Sonne betrachten, dann wissen wir, dass diese zur Population I der Sterne gehört (Heyssler 2015). Unter der Population I versteht man Sterne, die einen hohen Anteil an schweren Elementen, bzw. Metallen, besitzen, relativ jung sind und sich vorzugsweise in den Scheiben der Spiralgalaxien befinden. Im Gegensatz dazu existieren die metallarmen Sterne der Population II, die sich vornehmlich in den Halos der Galaxien aufhalten und im Gegensatz zu den Sternen der Population I um ein Vielfaches älter sind. Die Sterne, denen wir dieses Kapitel widmen, gehören der Population III an und müssen, nach den bisherigen Ausführungen, *metallfrei* (im astrophysikalischen Sinne) sein.

Nach heutiger Lehrmeinung waren die Gegebenheiten in unserem Universum derart, dass etwa 10^{-6} s nach dem Urknall die Protonen und Neutronen entstanden sind. Im Rahmen der *Primordialen Nukleosynthese* formten sich bereits drei Minuten später Deuterium- und Helium- sowie, in geringen Mengen, Lithiumkerne. Neben den Grundbausteinen der Materie und den ersten leichten Atomkernen war im damaligen Universum hauptsächlich Strahlung in Form energiereicher Photonen vorhanden. Diese Photonen sorgten dafür, dass sich zunächst keine Atome bilden konnten. Die für den Atombau nötigen Elektronen waren aber vorhanden, denn sie stammten aus den Zerfällen der Neutronen in Protonen. Durch den *Compton-Effekt* übertragen die Photonen Energie an die Elektronen und machen sie dadurch energetisch *bindungsunfähig*. Wir haben den *inversen Compton-Effekt* in (Heyssler 2014) als Kühlungsmechanismus in interstellaren Wolken kennengelernt. Dort übertrugen Elektronen Energie an die Photonen, welche die Wolke verlassen konnten und somit den Elektronen, und schließlich der Wolke selbst, Energie entzogen. Im frühen Universum sorgte der eigentliche Compton-Effekt dafür, dass die hochenergetischen Photonen Energie an die Leptonen übertrugen. Dadurch wurde zwar zunächst die Bildung von Atomen unterbunden, aber gleichzeitig wurde den Photonen ihrerseits dadurch Energie entzogen. Dieser Effekt und die Ausdehnung des Universums verringerten die thermische Energie im frühen Universum, und die Dominanz der Strahlung war nach etwa 380 000 Jahren (Lesch und Müller 2011) vorüber. Ab diesem Zeitpunkt konnten sich die ersten Atome bilden. Etwa 500 000 Jahre nach dem Urknall war die Temperatur des Universums bereits auf 3 000 K abgefallen und die neu entstandene sichtbare Materie des Universums bestand zu ca. 25 % aus atomarem Helium und zu 75 % aus atomarem Wasserstoff (Lesch und Müller 2011). Die Verteilung der Materie beschränkte sich zunächst auf isolierte Gaswolken und die Expansion des Universums schritt weiter voran. Dies hatte drei Effekte: Das Universum wurde größer, kälter und dunkler. Es existierten keine Galaxien, Kugelsternhaufen oder einzelne Sterne. Das Universum hatte die wichtigen Fusionsquellen noch nicht entdeckt.

Nach dem heute akzeptierten kosmologischen Standardmodell, dem Λ-CDM-Modell (*Lambda-Cold-Dark-Matter-Modell*), welches seinen Ausgangspunkt in den 1980er Jahren hatte (Blumenthal et al. 1984), befand sich im Universum seit seiner Entstehung aber nicht nur die uns vertraute Materie, sondern auch die sogenannte *Dunkle Materie*. Sie ist für uns unsichtbar und tritt hauptsächlich durch ihre Gravitationswechselwirkung in Erscheinung. Sie wurde u. a. deshalb theoretisch gefordert, um die Bewegung und Verteilung der sichtbaren Materie im Universum zu erklären. Zudem spielt sie bei der Entwicklung von Galaxien eine wichtige Rolle (Blumenthal et al. 1984). Ihre Zusammensetzung und Herkunft ist immer noch eine der großen Fragen unserer Zeit. Nach Ergebnissen des *Planck-Weltraumteleskops*, welches ab dem Jahr 2009 die kosmische Hintergrundstrahlung näher untersuchte, besteht unser Universum heute zu 95 % aus Dunkler Materie und *Dunkler Energie*. Zur Zeit der Entkopplung von Strahlung und Materie, etwa 380 000 Jahre nach dem Urknall, bestand, nach den Ergebnissen des Planck Surveyors, unser Universum zu gut 60 % aus Dunkler Materie (ESA 2013). Die theoretischen Physiker nehmen an, dass zu jedem Teilchen unserer bekannten Materie ein entsprechendes *supersymmetrisches* und massereiches Pendant existieren sollte. Diese supersymmetrischen Teilchen müssen ebenfalls unmittelbar nach dem Urknall entstanden und bis heute wieder größtenteils zerfallen sein. Ein wesentlicher Bestandteil der heutigen Dunklen Materie sollte das relativ massearme *Neutralino* sein, das den Zerfall überlebt hat. Die postulierten Neutralinos tragen keine elektrische Ladung und unterscheiden sich nicht von ihren Antiteilchen. Neutralinos sind bisher nicht nachgewiesen worden, aber man hofft, dass dies mit der neuesten Generation von Teilchenbeschleunigern möglich sein könnte. Dunkle Materie zeigt darüber hinaus keine Wechselwirkung mit Photonen. Die Dunkle Energie hat die postulierte Eigenschaft, den Raum beschleunigt auszudehnen. Albert Einstein führte im Jahr 1917 die sogenannte *kosmologische Konstante* Λ in seine Feldgleichungen ein, die, je nach Vorzeichen, eine beschleunigte Expansion des Universums erklären kann. Die Einführung der Dunklen Energie diente als physikalische Erklärung einer kosmologischen Konstanten mit positivem Vorzeichen, um im Einklang mit der beobachteten Expansion unseres Universums zu sein. Auch das erwähnte Λ-CDM-Modell trägt im Namen den Bezug zur kosmologischen Konstanten.

Kehren wir, nachdem wir die möglichen Gegebenheiten im frühen Universum dargelegt haben, zu der Eingangsfrage dieses Kapitels zurück: Wie sind die ersten Sterne entstanden? Die bisher besprochenen Prozesse der Sternentstehung gingen von Voraussetzungen aus, die es bei der Bildung der ersten Sterne noch nicht vollständig geben konnte. Auch basieren, wie wir an früherer Stelle immer wieder betont haben, heutige Entwicklungsmodelle der Sterne oft auf phänomenologischen Überlegungen, die durch Beobachtungen motiviert sind. Es bleibt uns

Menschen zwar nicht die Zeit, einen kompletten Entwicklungszyklus eines Sterns von der Kontraktion der Dunkelwolke bis zum Wasserstoffbrennen in Realität auf der großen Himmelsbühne zu studieren, aber wir finden doch in der einen oder anderen „Ecke" des Universums verschiedene Entwicklungsstufen im frühen Leben der Sterne, deren Summe unser bisheriges Bild von der Entstehung der Sterne formt. Das Gesamtbild wird durch theoretische Modelle abgerundet und Computer simulieren unser Wissen und verproben es im Zeitraffer. Somit kann ein Menschenleben, sogar oft nur wenige Tage oder Stunden, ausreichen, die Entstehung der Sterne am Bildschirm zu verfolgen. Die Geburt der *ersten Sterne* hingegen kann nur in theoretischen Modellen erdacht und im Computer simuliert werden. Und selbst dann ist es keinesfalls zweifelsfrei, ob die Simulation mit der damaligen Realität übereinstimmt, zumal keine Beobachtungen zu den ersten Sternen existieren. Wenn die Theorie zur Entstehung der ersten Sterne eine widerspruchsfreie Brücke zwischen dem angenommenen Zustand im frühen Universum und der heutigen phänomenologischen Untersuchung der Sterne liefert, dann kann diese Theorie zumindest als valide und logisch bewertet werden.

Nachdem Ihnen nun die Bedeutung der ersten Sterne für die Entwicklung unseres Universums bewusst ist und wir Ihnen ein Gefühl für die Unsicherheiten in den Annahmen vermittelt haben, wollen wir die Theorie ihrer Entstehung kurz zusammenfassen. Die Modelle, welche den Simulationen der ersten Sterne zugrunde liegen, können folglich von drei Ausgangsstoffen ausgehen: Wasserstoff, Helium und Dunkler Materie. Dies vereinfacht zum einen die Berechnungen, da schwere Elemente nicht berücksichtigt werden müssen, verhindert aber auch wichtige Prozesse zur Kühlung der Gaswolke, die uns im Standardmodell der Sternentstehung begegnet sind (Heyssler 2014), und unterbindet die wichtige Funktion von Staub als Katalysator zur Bildung von Molekülen. Wie wir gesehen haben, ist eine Abkühlung der Gaswolke auf ideale 10 bis 20 K bei Anwesenheit von Molekülen möglich. Eine Gaswolke, die nur aus atomarem Wasserstoff besteht, erreicht durch Stoßanregung eine maximale Abkühlung auf etwa 1 000 K (Lesch und Müller 2011). Im frühen Universum konnte die Bildung von Molekülen mit Hilfe von Elektronen als Katalysator vonstattengehen. Hierzu lagerte sich ein Elektron an ein Wasserstoffatom an und es entstand ein negativ geladenes Wasserstoffion, welches sich mit einem weiteren Wasserstoffatom zu einem Wasserstoffmolekül H_2 verband. Das Elektron wurde wieder freigesetzt und diente dem nächsten Prozess der Molekülbildung. In den Simulationen bildeten sich etwa 100 Mio. Jahre nach dem Urknall gewaltige Ansammlungen Dunkler Materie, mit einem Massenäquivalent von bis zu $10^6\ \mathcal{M}_\odot$. Der Wasserstoff wurde in diese gewaltigen Materieansammlungen hineingezogen und die Bildung von Molekülen konnte stattfinden. Nur die Anregung der Wasserstoffmoleküle zu molekularen Schwingungen und Rotationen

(Heyssler 2014) konnte in der Folgezeit zu einer Abkühlung der Molekülwolke auf etwa 150 K führen. Die Wolke musste anschließend weiter an Masse zulegen, damit es zum Wolkenkollaps kommen konnte. Dies verlangte, nach unseren Diskussionen zum *Jeans-Kriterium* (Heyssler 2014), immerhin rund 100 $\mathcal{M}_\odot$.

Die Bildung *mehrerer* Sterne aus *einer* Dunkelwolke ist bei den Simulationen nicht beobachtet worden (Lesch und Müller 2011). Trotz ihrer ungeheuren Masse neigten die Geburtswolken der ersten Sterne nicht zur *Fragmentierung* (Heyssler 2014). Somit entstanden nach dem Kollaps einer frühen Dunkelwolke nicht mehrere Sterne geringer Masse, sondern *ein* massereicher Riesenstern. Der Grund liegt in der relativ kurzen Zeit von etwa 10 000 Jahren, die zwischen der Verdichtung der frühen Wolken und der Entstehung der ersten Sterne lag. Diese Zeitspanne war für eine entsprechende Fragmentierung nicht ausreichend. Eine zweite Ursache dafür, dass die ersten Sterne als Einzelsterne entstanden sind, lag im frisch geborenen Riesenstern selbst. Die Intensität der von ihm ausgehenden UV-Strahlung spaltete die in seiner Umgebung vorhandenen Wasserstoffmoleküle in Wasserstoffatome und führte in der Regel zur Ionisation und Aufheizung des umgebenden Gases, die einen Kollaps weiterer Gaswolken in der Nähe des neu entstandenen Sterns unterband. Je nach Simulation fallen die Zeitspannen bis zur Geburt der ersten Sterne, sowie ihre Massen, recht unterschiedlich aus. Ein Mittelwert von 100 Mio. Jahren nach dem Urknall kristallisiert sich für die Geburt der ersten Sterne heraus und ihre berechneten Massen schwanken zwischen 50 $\mathcal{M}_\odot$ und 1 000 $\mathcal{M}_\odot$ (Lesch und Müller 2011).

Aber nicht nur in Masse und Radius übertrafen die ersten Sterne unsere heutigen Sterne, sondern auch in ihrer chemischen Zusammensetzung. Zur Geburt besaßen die Sterne der Population III keine Elemente, die schwerer als Helium waren – sie waren also im astrophysikalischen Sinn *metallfrei*. Dies hatte zur Folge, dass als möglicher Fusionsprozess im Inneren der ersten Sterne das Wasserstoffbrennen nur als Proton-Proton-Reaktion und nicht im Rahmen des CNO-Zyklus stattfinden konnte (Heyssler 2015). Aus unseren Diskussionen zur Proton-Proton-Reaktion in (Heyssler 2015) wissen wir, dass bei so massereichen Sternen wie den ersten Sternen eine hohe Zentraltemperatur $T_\star^Z$ vorliegen musste, um die nötige Energie zu erzeugen, denn die Energieerzeugungsrate $\Delta E_\star$ wächst bei der Proton-Proton-Reaktion proportional $(T_\star^Z)^4$. Als Folge waren die ersten Sterne bei gleicher Leuchtkraft um ein Vielfaches heißer als metallarme oder metallreiche Sterne. Dies ist auch der Grund für den bereits angesprochenen hohen Anteil energiereicher UV-Strahlung, der von den ersten Sternen ausging und dafür verantwortlich war, dass in der näheren Umgebung keine weiteren Sterne entstehen konnten, da u. a. die zur Kühlung einer möglichen Geburtswolke wichtigen Wasserstoffmoleküle wieder gespalten wurden. Ganze Regionen ionisierten Wasserstoffs bildeten sich so in der

Nähe der ersten Sterne. Erst durch die Rekombination des ionisierten Wasserstoffs, also das Einfangen freier Elektronen, konnte Strahlung diese Gebiete durchdringen, solange die Energie dieser Strahlung geringer war als die Ionisationsenergie des Wasserstoffs. Das sichtbare Licht breitete sich allmählich durch unser Universum aus. Je nach Anfangsbedingungen, welche die Simulationen verwendeten, waren etwa 100 Mio. Jahre nach dem Urknall die ersten Sterne im Universum geboren (Lesch und Müller 2011) – das *dunkle Zeitalter des Universums* war damit beendet.

Wie aber sehen allgemein die Endphasen von massereichen Sternen mit $\mathcal{M}_\star \geq 100\ \mathcal{M}_\odot$ aus, die zu Beginn unseres Universums die Regel waren und auch heute noch vereinzelt zu finden sind, auch wenn sie im Gegensatz zu den ersten Sternen einen metallreicheren Aufbau besitzen? Hierbei knüpfen wir an den Massenbereich an, den wir bei der Diskussion der Endphasen massereicher Sterne im Bereich $8\ \mathcal{M}_\odot < \mathcal{M}_\star < 100\ \mathcal{M}_\odot$ in Abschn. 2.4 bisher aufgespart haben. Wir gehen davon aus, dass diese Giganten ihre Materie nicht während ihres Lebens durch Sternwinde oder Pulsationen verloren haben und noch eine entsprechend hohe Masse am Ende des Heliumbrennens vorlag. Im Mittel vergingen etwa eine Million Jahre von der Geburt bis zum Tod eines metallfreien Sterns der Population III (Lesch und Müller 2011, S. 247). Bis zum Ende des Heliumbrennens war der Ablauf der Endphasen der ersten Sterne und heutiger massereicher Sterne nahezu identisch. Mit Ende der inneren Fusionsprozesse setzte bei den ersten Sternen aber eine gewaltige Kontraktion des Kerns ein, welche die Kerntemperatur $T_\star^{\mathrm{Z}}$ auf bis zu 10^9 K steigen ließ. Unter diesen Bedingungen konnten sich zwei Photonen im Rahmen der *Paarerzeugung* in ein Elektron sowie ein Positron umwandeln: $2\gamma \rightarrow e^+ + e^-$. Hierbei wurde Energie (Photonen) in Masse (Elektronen und Positronen) umgewandelt. Dadurch verringerte sich der innere Druck im Stern, der sich gegen die Eigengravitation stemmte, schlagartig und sowohl die Kontraktion als auch die Aufheizung des Kerns wurde beschleunigt. Somit stieg die Paarerzeugungsrate und der Stern wurde zunehmend instabiler (*Paarinstabilität*) (Janka 2011), was schließlich zu seinem gewaltigen Kollaps führte. Explosionsartig setzte das Sauerstoff- und Siliziumbrennen ein. Der nach außen gerichtete immense Druck riss den Stern förmlich auseinander. Dieser Prozess wird als *Paarinstabilitäts-Supernova* bezeichnet. Folgende Szenarien kristallisierten sich, basierend auf Simulationen, heraus (Janka 2011):

- Sterne mit einer Masse $100\ \mathcal{M}_\odot < \mathcal{M}_\star \leq 140\ \mathcal{M}_\odot$ zeigten mit Einsetzen des Sauerstoffbrennens heftige Pulsationen, die dazu führten, dass der Stern seine äußersten Schichten abstieß. Hierbei setzte jede Pulsation so viel Energie frei wie eine Kernkollaps-Supernova aus Abschn. 2.4. Während des bis zu einigen Jahrhunderten andauernden Pulsationsprozesses kam es zur Bildung eines Eisenkerns, der sich im Rahmen eines Gravitationskollapses zu einem Neutronenstern oder sogar einem *Schwarzen Loch* entwickelte.

- Sterne mit einer Masse 140 $\mathcal{M}_\odot < \mathcal{M}_\star \leq 260\ \mathcal{M}_\odot$ beendeten ihr Leben mit einer thermonuklearen Explosion, die den Stern komplett zerriss, ohne dass sich ein kompaktes Objekt wie ein Eisenkern, geschweige denn Neutronenstern, bilden konnte. Diese Paarinstabilitäts-Supernovae übertrafen an Energie eine *normale* Supernova um das fünfzig- bis hundertfache. Große Mengen an Nickel wurden bei diesem Inferno freigesetzt.
- Nicht rotierende Sterne mit einer Masse $\mathcal{M}_\star > 260\ \mathcal{M}_\odot$ kollabierten direkt zu einem *Schwarzen Loch*. Selbst die beim Sauerstoffbrennen erzeugte Energie konnte die Eigengravitation nicht aufhalten. Rotierende Sterne in dieser Gewichtsklasse zeigten die Bildung eines *Schwarzen Lochs*, das von einem Torus aus Gas und Staub umgeben war. Dieser Torus konnte vereinzelt mit dem *Schwarzen Loch* in Wechselwirkung treten (Abfluss von Materie), was zu Gammablitzen oder energiereichen Explosionen führte.

Im Jahr 2007 wurde eine Supernova entdeckt, die sich in einer Zwerggalaxie im Sternbild *Jungfrau* ereignete (Gal-Yam et al. 2009). Der Vorgängerstern hatte nach Angaben der Forscher eine Masse von etwa 200 $\mathcal{M}_\odot$. Ein Massenäquivalent von 22 $\mathcal{M}_\odot$ an Silizium und anderen schweren Elementen sowie 6 $\mathcal{M}_\odot$ Nickel wurden während der Explosion freigesetzt, wie spektroskopische Untersuchungen zeigten. Dieses Ereignis wurde als Beispiel einer Paarinstabilitäts-Supernova gewertet.

Hinsichtlich der Eigenschaften der ersten Sterne in Verbindung mit den Paarinstabilitäts-Supernovae musste die Bildung stellarer *Schwarzer Löcher* im frühen Universum weitverbreitet gewesen sein.

Rückblick 5

Geboren auf der Bühne von Raum und Zeit,
brachten die Sterne Licht in die Dunkelheit.
Leben schufen sie in der Unendlichkeit,
tanzen im Kosmos Äonen unserer Zeit.
Erlöschen sie einst, verbleibt ewig im All
ihr kostbarer und prächtiger Widerhall.
Ihr mächtiger Tod läßt selbst den Raum vergehen
und in jenem Moment bleibt die Zeit für sie stehen.
Claudia Usai

Mit den grundlegenden Beschreibungen der Sterne, insbesondere den Erläuterungen ihrer Zustandsgrößen und Klassifikation, begannen unsere Ausführungen im ersten Teil dieser Essentials-Reihe (Heyssler 2014). Wir haben versucht, die Theorie immer wieder mit historischen Fakten und Hintergrundinformationen anzureichern, um nicht zuletzt einige frühe Astronomen und ihre Arbeiten gebührend zu würdigen. Einiges an Grundwissen über die Sterne war bereits vorhanden, lange bevor unser heutiges Weltbild akzeptiert wurde. Wir haben über die Dunkelwolken gesprochen und die Voraussetzungen für die Bildung der Protosterne motiviert. Wir formulierten Bedingungen an die Sterne für das Erreichen der Hauptreihe und diskutierten hierbei einige Besonderheiten.

Im zweiten Teil dieser Essentials-Reihe (Heyssler 2015) haben wir den Übergang der Sterne auf die Hauptreihe beschrieben und ihre Verweildauern auf dem Hauptreihenband abgeschätzt. Die Referenzzeit bildete hierbei unsere Sonne, bei der wir eine Verweildauer auf der Hauptreihe von etwa 8 Mrd. Jahren angenommen haben. Die Bedeutung der Geburtslinie wurde diskutiert und wir haben den wichtigsten Fusionsprozess im Leben der Sterne, das Wasserstoffbrennen, ausführlich

M. Heyssler, *Das Leben der Sterne*, essentials, DOI 10.1007/978-3-658-10650-8_5

besprochen. Ferner lernten wir die Proton-Proton-Reaktion sowie den von massereicheren Sternen bevorzugten CNO-Zyklus kennen. Abschließend unternahmen wir einen Ausflug zu den Sternhaufen und betrachteten einige besondere Sterne.

Das vorliegende Essential handelt von den Endphasen der Sterne. Sterne mittlerer Masse und massearme Sterne, wie unsere Sonne, durchschreiten das *Riesen-* und *Unterriesenstadium* und enden als *Weiße Zwerge*. Je massereicher der Stern ist, desto schneller werden die einzelnen Entwicklungsphasen durchlaufen. Unsere Sonne wird, gemäß den Modellrechnungen aus (Sackmann et al. 1993), etwa 700 Mio. Jahre nach Verlassen der Hauptreihe zum *Roten Riesen* mutieren und in diesem Zustand etwa weitere 600 Mio. Jahre verharren (Aufstieg entlang des *Riesenastes*). Nach Ende des zentralen *Heliumbrennens*, das bei der Sonne gut 100 Mio. Jahre andauert (Lage auf dem *Horizontalast*), findet das *Zwei-Schalenbrennen* statt. Neben dem Wasserstoff-Schalenbrennen sorgt das Helium-Schalenbrennen etwa 20 Mio. Jahre (auf dem *Asymptotischen Riesenast*) für eine thermonukleare Stabilität in der Sonnenhülle. Ist diese Stabilität beendet, bereitet sich die Sonne in einer etwa 500 000 Jahre andauernden instabilen Phase (400 000 Jahre auf dem instabilen Teil des *Asymptotischen Riesenastes* und 100 000 Jahre zur Abstoßung der äußeren Hülle) auf die Bildung eines *Weißen Zwergs* mit einer Masse von 0,51 bis 0,58 $\mathcal{M}_{\odot}$ (Sackmann et al. 1993) vor. Dieser besteht gemäß dem vorgestellten Entwicklungsszenario aus einem kompakten Kohlenstoffkern, der rund 98 % der Gesamtmasse vereint, sowie einer dünnen Helium- und Wasserstoffschicht. Sterne geringer bis mittlerer Masse fügen mit ihrem Tod dem *Materiekreislauf* hauptsächlich Wasserstoff und Helium zu. Eine Vielfalt an Elementen wird besonders von massereichen Sternen erzeugt. Ihre Endphase ist kurz, verglichen mit den masseärmeren Sternen – und ihr Ende ist dramatisch. Nach dem *Überriesenstadium* setzt eine gewaltige *Supernovaexplosion* schwere Elemente frei, die der massereiche Stern in seiner Endphase erbrütet hat, und liefert somit den *„Sternenstaub"* als Grundlage u. a. unserer Existenz. Daneben erinnert ein sehr exotisches Gebilde, ein Neutronenstern, an glanzvollere Tage des Sterns. Unter gewissen Bedingungen, die wir ausführlich dargelegt haben, entstehen am Ende der Kernkollaps-Supernovae stellare *Schwarze Löcher*. Neben den Kernkollaps-Supernovae, ein Resultat der Endphasen massereicher Sterne, haben wir die thermonuklearen Supernovae kennengelernt und ihre Entstehung unter Beteiligung von *Weißen Zwergen* diskutiert. Eine Klassifikation der Supernovae anhand ihrer spektralen Besonderheiten und Lichtkurven rundete unsere Betrachtungen dieser spektakulären Ereignisse ab. Abschließend wagten wir einen Blick in das frühe Universum und skizzierten die Entstehung der ersten Sterne unter Berücksichtigung der damaligen besonderen Gegebenheiten. Wir stellten fest, dass die ersten Sterne unsere heutigen Sterne an Masse und Größe bei weitem übertrafen. Ihr Ende fanden sie, nach heutiger Theorie, in gewaltigen Paarinstabilitäts-Supernovae, die häufig zu stellaren *Schwarzen Löchern* führten.

Die Geburt, das Leben und das Schicksal der Sterne werden heute hauptsächlich in aufwändigen Computersimulationen nachgestellt, deren Basis zwar physikalisch beschriebene Prozesse sind, die aber dennoch diverse Unsicherheiten aufweisen, da kleine Abweichungen in den verwendeten Parametern auf einer so gewaltigen Zeitskala der Berechnungen zwangsläufig zu Unterschieden im Ergebnis führen müssen. Wir haben heute vielleicht noch kein vollständiges, aber dennoch ein gutes Bild über das Leben der Sterne. Es ist nicht ausgeschlossen, dass bereits demnächst eine Beobachtung ein unerwartetes neues Ergebnis liefert, was auch dann wieder in unser Verständnis integriert werden muss. Wir sollten diese Herausforderungen immer wieder annehmen und nach neuen Antworten suchen, denn nur so rechtfertigen wir unseren Platz in unserer kosmischen Heimat. Ignoranz, persönliche Zwecke oder Vorlieben und der ständige individuelle Kampf um einen Platz in der Loge unseres Mikrokosmos sind keine besonders schlauen Tugenden, neues Verständnis zu kreieren. Vielmehr führt Logik, das Vertrauen auf die geleisteten Vorarbeiten, die vorurteilsfreie Beobachtung der Natur und der Mut, die Frage zu stellen: *„Was wäre wenn?“*, eher zum Erfolg.

In den drei Essentials über *„Das Leben der Sterne“* haben wir uns auf die wesentlichen Grundlagen der Sternentwicklung konzentriert. Es war eine Herausforderung, die wichtigsten Ergebnisse auf diesem Gebiet in so kompakter Form zusammenzufassen. Sie mögen entscheiden, ob dies gelungen ist. Wir hoffen, bei Ihnen das Interesse zur Vertiefung geweckt und Sie gleichzeitig über eines der komplexesten und spannendsten Themen unseres Universums informiert zu haben.

Literatur

Baade, W., & Zwicky, F. (1934). Remarks on Super-Novae and Cosmic Rays. In: *Physical Review* 46, 76.

Blumenthal, G. R., Faber, S. M., Primack, J. R., & Rees, M. J. (1984). Formation of galaxies and large-scale structure with cold dark matter. In: *Nature* 311, 517.

Bombaci, I. (1996). The maximum mass of a neutron star. In: *Astronomy & Astrophysics* 305, 871.

Chandrasekhar, S. (1935). The highly collapsed configurations of a stellar mass (Second paper). In: *Monthly Notices of the Royal Astronomical Society* 95, 207.

Churazov, E., Sunyaev, R., Isern, J., Knödlseder, J., Jean, P., Lebrun, F., Chugai, N., Grebenev, S., Bravo, E., Sazonov, S., & Renaud, M. (2014). Cobalt-56 γ-ray emission lines from the type Ia supernova 2014J. In: *Nature* 512, 406.

Colgate, S. A., & White, R. H. (1966). The hydrodynamic behavior of Supernovae explosions. In: *Astrophysical Journal* 143, 626.

Drake, J. J., Marshall, H. L., Dreizler, S., Freeman, P. E., Fruscione, A., Juda, M., Kashyap, V., Nicastro, F., Pease, D. O., Wargelin, B. J., & Werner, K. (2002). Is RX J1856.5-3754 a Quark Star? In: *Astrophysical Journal* 572, 996.

ESA 2013 ESA: *PLANCK reveals an almost perfect Universe*. http://www.esa.int/OurActivities/SpaceScience/Planck. Version: 2013

Gal-Yam, A., Mazzali, P., Ofek, E. O., Nugent, P. E., Kulkarni, S. R., Kasliwal, M. M., Quimby, R. M., Filippenko, A. V., Cenko, S. B., Chornock, R., Waldman, R., Kasen, D., Sullivan, M., Beshore, E. C., Drake, A. J., Thomas, R. C., Bloom, J. S., Poznanski, D., Miller, A. A., Foley, R. J., Silverman, J. M., Arcavi, I., Ellis, R. S., & Deng, J. (2009). Supernova 2007bi as a pair-instability explosion. In: *Nature* 462, 624.

Gurzadyan, G. A. (1997). *The Physics and Dynamics of Planetary Nebulae*. Aufl. Berlin, Heidelberg: Springer Science. – ISBN 978-3-540-60965-0

Harnden, F. R. Jr., & Seward, F. D. (1984). Einstein observations of the Crab nebula pulsar. In: *Astrophysical Journal* 283, 279.

Heyssler, M. (2014). *Das Leben der Sterne – Teil I: Von der Dunkelwolke zum Protostern*. 1. Aufl. Wiesbaden: Springer Fachmedien Wiesbaden GmbH. – ISBN 978-3-658-07495-1.

M. Heyssler, *Das Leben der Sterne,* essentials, DOI 10.1007/978-3-658-10650-8

Heyssler, M. (2015). *Das Leben der Sterne – Teil II: Junge stellare Objekte und Sternenalltag*. 1. Aufl. Wiesbaden: Springer Fachmedien Wiesbaden GmbH. – ISBN 978-3-658-09172-9.

Hoyle, F., & Fowler, W. A. (1960). Nucleosynthesis in Supernovae. In: *Astrophysical Journal* 132, 565.

IAU (2015). *Central Bureau for Astronomical Telegrams (International Astronomical Union)*. http://www.cbat.eps.harvard.edu. Version: 2015.

Janka, H.-T. (2011). *Supernovae und kosmische Gammablitze – Ursachen und Folgen von Sternexplosionen*. Heidelberg: Spektrum Akademischer Verlag. – ISBN 978-3-8274-2072-5.

Kaler, J. B. (2015). *Portraits of Stars and their Constellations*. http://stars.astro.illinois.edu/sow/sow.html. Version: 2015.

Kippenhahn, R., Weigert, A., & Weiss, A. (2012). *Stellar Structure and Evolution*. 2. Aufl. Berlin, Heidelberg: Springer. – ISBN 978-3-642-30304-3.

Lesch, H., & Müller, J. (2011). *Sterne – Wie das Licht in die Welt kommt*. Frankfurt am Main: Goldmann. – ISBN 978-3-442-15643-6.

Oppenheimer, J. R., & Volkoff, G. M. (1939). On massive neutron cores. In: *Physical Review* 55, 374.

Sackmann, I.-J., Boothroyd, A. I., & Kraemer, K. E. (1993). Our Sun. III. Present and Future. In: *Astrophysical Journal* 418, 457.

Scheffler, H., Elsässer, H. (1984). *Physik der Sterne und der Sonne*. Mannheim: B.I.-Wissenschaftsverlag. – ISBN 978-3-411-01438-5.

Stahler, S. W., & Palla, F. (2004). *The Formation of Stars*. New York: John Wiley & Sons. – ISBN 978-3-527-40559-6.

Tolman, R. C. (1939). Static solutions of Einstein's field equations for spheres of fluid. In: *Physical Review* 55, 364.

van Winckel, H. (2003). Post-AGB stars. In: *Annual Review of Astronomy and Astrophysics* 41, 391.

Weinberg, S. (1972). *Gravitation and cosmology: principles and applications of the general theory of relativity*. 1. Auflage. New York: Wiley. – ISBN 978-0-471-92567-5.

Wheeler, J. C. (1990). *Supernovae: 6th Jerusalem Winter School for Theoretical Physics*. Singapur: World Scientific Publishing. – ISBN 978-9-9715-0963-7.

The manufacturer's authorised representative in the EU is Springer Nature Customer Service Centre GmbH, Europaplatz 3, 69115 Heidelberg, Germany. If you have any concerns regarding our products, please contact ProductSafety@springernature.com

Printed and bound by CPI Group (UK) Ltd, Croydon, CR0 4YY

15/07/2026

02167646-0001